现代商贸研究丛书

丛书主编：郑勇军
副 主 编：肖 亮 陈宇峰

教育部省部共建人文社科重点研究基地
浙江工商大学现代商贸研究中心资助

贸易扩张中的环境规制

李怀政 著

经济科学出版社
ECONOMIC SCIENCE PRESS

图书在版编目（CIP）数据

贸易扩张中的环境规制/李怀政著 . —北京：
经济科学出版社，2012.12
（现代商贸研究丛书）
ISBN 978 - 7 - 5141 - 2819 - 2

Ⅰ.①贸… Ⅱ.①李… Ⅲ.①对外贸易－影响－
生态环境－研究－中国 Ⅳ.①F752②X321.2

中国版本图书馆 CIP 数据核字（2012）第 312814 号

责任编辑：柳　敏　李一心
责任校对：靳玉环
版式设计：齐　杰
责任印制：李　鹏

贸易扩张中的环境规制

李怀政　著

经济科学出版社出版、发行　新华书店经销
社址：北京市海淀区阜成路甲 28 号　邮编：100142
总编部电话：010 - 88191217　发行部电话：010 - 88191522
网址：www. esp. com. cn
电子邮件：esp@ esp. com. cn
天猫网店：经济科学出版社旗舰店
网址：http：//jjkxcbs. tmall. com
北京汉德鼎有限公司印刷
华玉装订厂装订
710 ×1000　16 开　13. 25 印张　200000 字
2012 年 12 月第 1 版　2012 年 12 月第 1 次印刷
ISBN 978 - 7 - 5141 - 2819 - 2　定价：38. 00 元
（图书出现印装问题，本社负责调换。电话：010 - 88191502）
（版权所有　翻印必究）

总　序

随着经济全球化和信息化的快速推进，全球市场环境发生了深刻的变化。产能的全球性过剩和市场竞争日趋激烈，世界经济出现了"制造商品相对容易，销售商品相对较难"的买方市场现象。这标志着世界经济发展开始进入销售网络为王时代，世界产业控制权从制造环境向流通环境转移，商品增加值在产业链上的分布格局正在发生重大变化，即制造环节创造的增加值持续下降，而处在制造环节两端——商品流通和研发环节所创造的增加值却不断地增加。流通业作为国民经济支柱产业和先导产业，已成为一国或一个地区产业竞争力的核心组成部分。在全球化和信息化推动下的新一轮流通革命，引领着经济社会的创新，推动着财富的增长，正在广泛而深刻地改变着世界经济的面貌。

世界经济如此，作为第二大经济体和全球经济增长火车头的中国更是如此。正处在经济发展方式转变和产业升级转型的关键时期和艰难时期的中国迫切需要一场流通革命。

在 20 世纪 90 年代中后期，中国已从卖方市场时代进入买方市场时代。正如一江春水向东流一样，卖方时代一去不复返。买方市场时代的到来正在重塑服务业与制造业的关系，以制造环节为核心的经济体系趋向分崩瓦解，一种以服务业为核心的新经济体系正在孕育和成长。在这一经济转型的初期，作为服务业主力军的流通产业注定被委以重任，对中国经济发展特别是经济发展方式转变、产业升级转型以及内需主导型经济增长发挥关键性的作用。

中国经济的国际竞争优势巩固需要一场流通革命。随着中国经济发展进入工业化中期、沿海发达地区进入工业化中后期，制造业服务化将是大势所趋，未来产业国际竞争的主战场不在制造环节，而是在流通环节和研发设计。谁占领了流通中心和研发中心的地位，谁就拥有产业控制权和产业链中的高附加值环节的地位。改革开放以来，我国制造业发展取得了举世瞩目的成就，在国际竞争中表现出拥有较强的价格竞争优势和规模优势，但流通现代化和国际化明显滞后于制造业，物流成本和商务成本过高已严重制约我国产品价格的国际竞争优势。随着我国土地、工资和环保等成本上升，制造成本呈现出刚性甚至持续上升的趋势已大势所趋。如何通过提高流通效率和降低流通成本，继续维持我国产品国际竞争的价格优势，将会成为我国提升国家竞争优势的重大的战略选择。

中国发展方式转变和产业升级需要一场流通革命。中国经济能否冲出"拉美式的中等收入陷阱"继续高歌前行，能否走出低端制造泥潭踏上可持续发展的康庄大道，能否激活内需摆脱过度依赖投资和出口的困局，关键取决于能够通过一场流通革命建立一套高效、具有国际竞争力的现代流通体系，把品牌和销售网络紧紧地掌控在中国人手中，让中国产品在国内外市场中交易成本更低，渠道更畅，附加值更高。

中国社会和谐稳定需要一场流通革命。流通不仅能够吸纳大量的就业人口，还事关生活必需品供应稳定、质量安全等重大民生问题。目前，最令老百姓忍无可忍的莫过于食品安全问题。中国市场之所以乱象丛生，与中国流通体系的组织化程度低、业态层次低，经营管理低效和竞争秩序混乱不无关系。中国迫切需要一场流通革命重塑流通体系。

令人遗憾的是，尽管流通业作为国民经济支柱产业和先导产业的地位将会越来越突出，但中国学术界和政府界却依然以老思维看待流通，几千年来忽视流通，轻视流通的"老传统"依然弥漫在中国的各个角落。改革开放以来我国形成了重工业轻流通、重外贸轻内贸的现象没有得到明显改观。

中国需要一场流通革命，理论界需要走在这场革命的前列。这就是我们组织出版这套丛书的缘由。

浙江工商大学现代商贸研究中心（以下简称"中心"）正式成立于2004年9月，同年11月获准成为教育部人文社会科学重点研究基地，是我国高校中唯一的研究商贸流通的人文社科重点研究基地。成立7年以来，中心紧紧围绕将中心建设成为国内一流的现代商贸科研基地、学术交流基地、信息资料基地、人才培养基地、咨询服务基地这一总体目标，开展了一系列卓有成效的工作。目前，中心设有"五所一中心"即：流通理论与政策研究所、流通现代化研究所、电子商务与现代物流研究所、国际贸易研究所、区域金融与现代商贸业研究所和鲍莫尔创新研究中心。中心拥有校内专兼职研究员55人，其中50人具有高级技术职称。

成立7年以来，中心在流通产业运行机理与规制政策、专业市场制度与流通现代化、商贸统计与价格指数、零售企业电子商务平台建设与信息化管理等研究方向上取得了丰硕的科研成果，走在了全国前列。在最近一次教育部组织的基地评估中，中心评估成绩位列全国16个省部共建人文社会科学重点研究基地第一名。

我们衷心希望由浙江工商大学现代商贸研究中心组织出版的现代商贸研究丛书，能够起到交流流通研究信息，创新流通理论的作用，为我国流通理论发展尽一份绵薄之力。

郑勇军
浙江工商大学现代商贸研究中心主任
2011 年 12 月 6 日

序

　　人类追求自由与自我价值实现的固有偏好，始终激励着人们在各种社会经济行为中有意或无意地对人与自然生态系统的积极关注与反思。实际上，任何经济行为乃至社会活动都会直接或间接对自然生态环境产生一定影响，同时，环境水平以及人们对自然环境所采取的一系列显性或隐性行为又反作用于经济活动。但是，当一个国家或地区工业化与现代化程度较低时，生态要素与环境资源的稀缺性往往被忽略，以至于环境成本高度外部化，然而，自20世纪80年代以来，随着经济全球化和贸易自由化的纵深发展，对外贸易扩张引致的大规模经济增长对自然生态环境的负面影响逐渐超越生态阈值和环境承载力，甚至威胁着人类自身的生存与发展。从而，贸易与环境问题悄悄地迈入主流经济学研究的视野。尤其是，选择什么样的环境规制体系和方略才能实现对外贸易与自然生态环境协调发展呢？这一问题逐渐成为近20多年来自由主义经济学家与环境主义经济学家共同探索与争论的焦点。事实上，如何解决贸易与环境的矛盾已是困扰包括中国在内的许多新兴市场国家政府决策的一道难题。

　　从经济学理论逻辑考虑，贸易与环境问题的实质在于外部性所导致的市场失灵或失败，从而完善贸易扩张中的环境规制关键在于如何将环境要素合理嵌入资源配置机制与经济主体决策过程。但是，现实国民经济核算体系和市场价格机制没有充分考虑并合理体现环境要素，从而贸易扩张中的环境规制问题研究具有复杂性、边缘性和不确定性，且通常涉猎多种学科理论和交叉学科知识。就现实而言，改革开放以来，中国凭借十分丰裕的劳动力资源和显著的环境比较优势逐渐融入全球生产网络，对外贸易快速扩张，并逐步跃升为贸易大国与全球第二大经济体，但令人遗憾的是，我们显然为此付出了超常的环境代价。近几年，由于经济危机的影响和冲击，中国对外贸易有些步履维艰，尽管如此，从世界贸易平均发展水平而言，笔者坚信中国对外贸易增长或将迎来第二个春天。但是，毋庸置疑，经济危机前的贸易扩张所引致的矛盾和问题依然隐藏在国民经济运行体系中尚未得以消解。

上述理论和现实因素客观上催化了《贸易扩张中的环境规制》写作动机的形成。现有文献大多集中于"污染天堂"假说、波特假说、"向环境底线赛跑"理论或环境库兹涅茨曲线等方面经验性分析，这些研究主要从宏观视角刻画了中国对外贸易的环境效应以及环境规制的贸易效应。但是，从宏观、行业与地区三维视角系统解读中国对外贸易扩张中的环境规制问题的研究尚不多见。鉴于此，此书首先界定了相关概念与范畴，阐释了对外贸易的环境效应和环境规制的贸易效应生成机理，追溯了贸易与环境理论思想渊源，并从一个比较宽泛的视角归纳分析了国际贸易与环境问题研究进展与趋势；其次，阐述了中国对外贸易与环境的现实冲突；再次，基于理论模型思想构建相关计量模型，从行业与地区双重视角对中国对外贸易的环境效应、环境规制的贸易效应，以及国际气候变化背景下中国对外贸易扩张与碳排放的互动影响进行了实证研究；最后，在实证分析的基础上，充分考虑中国对外贸易发展的阶段性、特殊性和制度约束因素，针对中国对外贸易扩张中的环境规制提出了若干思路与政策建议。

对外贸易扩张中的环境规制是中国社会转型期经济学研究与政府管理领域的一个难题，近年来，其也逐步引起社会大众的广泛关注。客观上，与发达国家或地区相比，我国与贸易相关的环境统计制度和环境规制体系比较滞后，数据可得性、指标匹配性以及理论适应性均有待提高。尽管笔者努力予以克服，但研究中仍然存在些许困难或缺陷。譬如，贸易扩张中的环境规制作为一个前沿问题，其逻辑思维范式、分析框架尚待进一步完善；出口贸易的环境规制研究有余，进口贸易的环境规制研究不足；与国际贸易相关的环境规制理论研究与实证检验尚待进一步改进；环境规制政策工具的理论设计与分析尚可深入。对于这些问题，虽然笔者仍兴趣盎然，但限于能力和时间，只能期盼在今后的相关研究中予以进一步探求。同时，扑朔迷离的现实世界总是留给经济学研究以无尽的遐想与玄奥，我非常瞻望更多的同仁给予贸易扩张中的环境规制问题以更加深入的关注。

李怀政
2012 年 12 月于杭州

目录

第1章 导 论

"谁拥有什么？无论是在实际中，还是在道德层面上，这都是一个基本问题，而且也是自'亚当'和'夏娃'被逐出'天堂'以来人类史上一个永恒的话题。"[1] 那么，环境作为公共产品又依靠什么来决定企业或个人对它的拥有呢？尽管，在经济学理论世界中，制度的地位仍然没有得到充分重视，但很显然，作为一种特定制度安排的政府规制实际上对于环境资源的配置至关重要。近年来，关于经济全球化的所有争论中，就分歧程度而言，"无一可以与发生在贸易自由化与环境保护之间的争论相匹敌"[2]。自由主义者认为，贸易自由化能够促进全球环境资源有效配置与合理利用，导致环境问题的根源主要在于市场失效；环境主义者则认为，自由贸易扩张会导致环境污染加剧和资源不可持续利用，其直接原因在于环境规制政策过于宽松。这两种观点均不同程度被经验研究所证实，尚有一些经验研究支持贸易与环境之间并不存在直接因果关系，且有许多不确定性。[3] 尽管理论上的"鸿沟"可能在很长时间内也难以消除，但在贸易实践中实行适度的环境规制已经近乎无法避免。

　　基金项目：本书为教育部人文社科重点研究基地现代商贸研究中心重点规划基金（12JDSM04Z）、浙江省高校人文社科重点研究基地金融学研究中心重点规划基金（TYTJR201107）前期基础性成果。

　　① ［美］埃里克·弗鲁博顿、［德］鲁道夫·芮切特：《新制度经济学——一个交易费用分析模式》，格致出版社、上海人民出版社2006年版，第93页。

　　② ［加］布莱恩·科普兰（Copeland，B. R.）、斯科特·泰勒尔（Taylor，M. S.）：《贸易与环境——理论与实证》，彭立志译，格致出版社、上海人民出版社2009年版，第1页。

　　③ 理论上说，贸易范畴包括国内贸易与对外贸易，其中对外贸易又涵盖货物贸易、服务贸易与技术贸易，由于研究主题所限，全书所述及的贸易一般主要是指货物贸易。

1.1 缘 起

从某种意义上说，社会变迁始终蕴含着人类自然价值观的发展与演进，从农业文明、工业文明到生态文明的兴起，人类对自然生态环境的基本认知与行为取向逐渐由崇拜自然、征服自然转向与自然协调共生。不过，在人类经济发展历程中绝大部分历史时期，不断增长的物质追求和尚未超越环境容量的经济规模掩盖了环境资源的稀缺性，环境问题也一直没有真正引起人们的重视和关注。但是，自15世纪末16世纪初地理大发现迄今的500多年，伴随浓厚的拜物主义、工具主义倾向，国际市场需求不断增长，以工业为主导的世界经济日趋扩张，经济主体决策行为不断背离自然法则与经济学启蒙时期的人文关怀。特别是第二次世界大战以后，社会经济发展与环境的冲突和矛盾日益加剧，大量生态危机与环境公害逐步敲响工业文明的丧钟，大量经济学家、社会学家开始对经典的工业文明模式进行深刻反思，乃至20世纪60~70年代西方绿党（Green Party）运动不断兴盛，从而，环境规制受到西方各国政府高度重视并逐渐发展成为主要社会性规制。近年来，伴随经济全球化和世界经济一体化纵深发展，兼之环境的公共物品特性、微观经济主体行为机会主义倾向、市场失败与政府失灵等多种因素的交互作用，在发展中国家，环境资源的稀缺性与环境污染的负外部性日益凸显，社会经济发展与环境的摩擦日趋严重，环境问题逐步受到社会各界的广泛关注。

随着贸易自由化、经济全球化与经济一体化的纵深发展，全球分工体系正在经历前所未有的嬗变，国家与国家、产业与产业、企业与企业的边界越来越难以清晰界定，一些主要宏观与微观经济主体的行为决策都会对"地球村"的总体运行状况产生直接或间接影响，而且这种影响会逐步扩散和转移。客观地说，国际贸易行为本身不一定直接影响自然生态环境，但其会通过经济增长、产业结构变动、技术进步、收入分配、政府规制等途径，对环境产生间接影响与作用。相反，各国政府所实行的环境规制不仅会影响其自身对外贸易战略决策及其行为取向，而且会影响国际贸易的总体发展与格局。

经过30多年改革开放，中国凭借丰裕的劳动力资源和显著的环境成本比较优势逐渐融入全球生产体系，对外贸易得以长足发展乃至迅速扩张，并先后跃升为世界货物贸易第一大出口国和世界第二大经济体，但与此同时，中国也日渐成为世界环境污染大国与碳排放大国。由于中国市场经济具有显著的后发性、追赶式特征，客观上，西方发达国家200多年工业化、现代化、城市化进程中不同阶段出现的各类环境问题，较短时间内在中国集中爆发，从而生态环境质量急剧下滑，环境公害以及与环境相关的社会突发事件屡见不鲜。据近年世界银行的一份研究报告估计，环境污染导致的社会经济损失达到中国 GDP 的 5.8%，仅空气污染一项每年约造成 70 万人非正常死亡，全国主要江河流域 40% 的水资源被污染。人们所期望的随着收入提高而产生的环境库兹涅茨曲线正效应①尚未显现，治理环境污染的社会诉求异常强烈，以至于大量环保人士、经济学家以及国内外中国问题学者纷纷发出警告：如果不及时采取有效措施，环境灾难将无法避免。

理论上，当政府面临现实中的环境污染时，通常会对其相关信息和影响因素进行分析研究来规划具体的产业规制方案，这种分析研究的过程既是认知的形成过程，也是政府理性程度的实现过程（何大安，2010）。对于中国，基于这种理性的环境规制始于 20 世纪 70 年代末，最初以命令控制型规制为主，90 年代中后期以后逐步扩展到市场性规制、自愿性规制，乃至隐性环境规制②。从经济学逻辑来看，一个完善的、强有力的环境规制体系可以在一定程度上矫正或规避市场失灵，但是，当许多利益相关者面对经济效率、社会就业、工资收入、物质需求等现实问题时，往往很难理性看待环境规制，甚至可能陷入极端思维倾向，或思而生畏、望而却步。因而，尽管理论上环境规制的潜在社会需求可能比较强烈，但政府部门、学术界、实业界均不同程度地隐藏着一种担忧，亦即强化环境规制是否会抑制出口比较优势或竞争优势，环境规制能够与贸易增长共生共存吗？事实上，在一定时期内，环境规制的确存在一定变数与风险性，近年来，国内外不少学者在理论研究中均逐渐察觉到了一些困惑与不确定性。显而易见，系统研究贸易扩张中的环境规制，努力探讨中国对外贸易的环

---

① 根据倒 "U" 型环境库兹涅茨曲线原理，当经济发展达到一定水平后，环境质量会逐渐得到改善。

② 赵玉民等（2009）将 "基于无形的环保思想、环保观念、环保意识、环保态度和环保认知等产生的约束力" 界定为隐性环境规制。

境效应以及环境规制的贸易效应，进而着重依据经济学逻辑，针对中国如何完善贸易扩张中的环境规制提出若干可行性设想、理论启示与方略，对于促进中国对外贸易与自然生态环境可持续协调发展、提高环境警醒意识、建设生态文明，无疑具有重要而深远的理论意义和现代意义。

1.2 基本范畴及其前沿问题

1.2.1 贸易扩张与贸易增长

严格地说，贸易扩张与贸易增长是国际经济学领域两个既相互区别又密切关联的基本范畴，人们似乎也经常能朦胧地感知"扩张"与"增长"的迥然有别，但长期以来，国内学术界鲜有研究文献对这两个范畴进行十分清晰地界定与透彻地区分，甚至在有些场合或文献中呈现混用的倾向。① 近年来，在不同语境条件下，不少学者开始以贸易扩张与贸易增长对一国或地区对外贸易总体发展态势进行不同描述与概括，但至今，学术界对其内涵尚未形成十分一致的认知。为此，笔者拟对贸易扩张与贸易增长的联系与区别予以系统分析，提出些许"洞见"，从而为研究贸易扩张中的环境规制问题确定逻辑基调与写作背景。

贸易扩张和贸易增长的概念有狭义及广义之分，狭义的贸易扩张通常是指一定时期内，一个国家或地区凭借低附加值、低技术含量产品的数量与价格优势，与其他国家或地区的商品、服务以及知识产权等交换活动规模或市场份额呈现迅速扩大或提升的一种态势与过程。② 这种贸易态势一般具有如下典型特征：（1）以粗放经济增长模式为基础，国民经济处于全球价值链"微笑"曲线的低谷，自主研发与设计能力、国际知名品牌创建与营销管理能力较弱；（2）加工贸易在整个对外贸易体系中占据主导地位，贸易结构不够优化，优势产品多集中劳动密集型产品或中低端资

---

① 全书"贸易扩张"、"贸易增长"均是对"国际（对外）贸易扩张"、"国际（对外）贸易增长"的简称。

② "过程"一般是指某种事物或现象发展所经历的阶段与程序，在奥地利经济学中"过程观"是一种主要立场与方法（朱海就，2009）。

本、知识技术密集型产品；（3）在短期内，贸易扩张会加快国民财富的积累，扩大社会就业，提高外贸行业人员工资水平，但在长期内，如果技术创新能力不强，贸易扩张往往会因贸易条件恶化进而引致国民福利减少或流失，加剧环境污染和生态危机；（4）在一定程度上，贸易扩张会诱致与其他国家的贸易摩擦增多，国外反倾销与反补贴指控率居高不下，这主要源于两方面原因：一是贸易扩张会干扰或抑制贸易伙伴国相似或相同产业发展，特别是间接削减其非熟练劳动力与中低水平人才工资收入，影响其稳定就业；二是贸易扩张还会对贸易竞争国同类产品形成较强的市场挤出效应或替代效应。

相对应地，狭义的贸易增长通常是指一定时期内，一个国家或地区逐步凭借高附加值、高技术含量产品的质量、技术与品牌优势，与其他国家或地区的商品、服务以及知识产权等交换活动呈现数量或份额的持续增加，以及贸易质量、贸易结构、贸易条件等方面不断改进的一种态势与过程。这种贸易态势较之贸易扩张一般具有以下不同特点和倾向：（1）多以集约经济增长模式为背景，在全球生产与分工体系中，较多处于全球价值链的两端，自主创新能力、学习能力、国际营销管理能力十分出色，拥有一定数量的国际品牌；（2）一般贸易方式在整个对外贸易体系中占据主导地位，贸易结构较为优化、合理，中高端资本密集型与知识技术密集型产品占有较高比重；（3）贸易增长不但会增加国民财富，促进国民平均收入水平稳步提升，而且会最终有利于改善本国贸易条件，整体增进社会福利与经济福利，甚或有助于优化产业结构、促进国内社会经济制度创新，从而使资源配置趋向帕累托最优状态，提高环境保护水平；（4）与贸易扩张相比，如果管理得当，贸易增长一般不会明显诱致贸易摩擦，反而会有力促进整个世界经济增长，提高贸易伙伴国民福利水平，无论发达国家还是发展中国家都有机会从中获取贸易利得。

伴随 21 世纪世界经济网络化、模块化趋势的凸显，企业价值链的地理布局逐渐遵循"以世界为工厂"、"以各国为车间"，许多以前限于一个国家或地区完成的产品生产作业，如今被分解为若干个独立模块或工序，而每一个模块或工序都将在能够以最低成本完成的国家或地区生产，传统意义上的国际分工秩序正经历前所未有的冲击与嬗变，国际贸易格局也变得越来越以企业为中心。然而，以国家为中心的古典、新古典贸易思想与新贸易理论对国际贸易新格局、新模式、新现象的解释几乎无能为力。古典和新古典贸易理论仅仅关注基于比较优势的现有产出口数量扩张，新贸易理论只是强调规模经济和产品多样性可以成为出口数量扩张的新渠道。①

基于这一现实背景和理论困境，梅里兹（Melitz，2003）开创性地将企业异质性、贸易固定成本引入克鲁格曼（Krugman，1979～1980）为代表的新贸易理论模型，构建了企业异质性贸易模型，用以阐释和证实当前贸易增长（扩张）的动因与源泉，这标志着国际贸易理论研究开始转向新新贸易理论阶段。尽管国内外也有部分学者已经对企业异质性模型提出了些许质疑或批评，但客观地说，我们似乎仍然无法改变企业异质性理论逐步成为贸易增长理论新前沿的现实。依据新新国际贸易理论逻辑，一个国家或地区贸易增长可以因循二元边际——集约边际和扩展边际来实现（梅里兹，2003；伯纳德，2003）。② 此后，大量学者围绕企业异质性贸易模型分别从国家、企业或产品等不同视角对贸易增长的二元边际问题进行了较为深入的补充或发展性研究。③ 近年来，国内外学者沿袭企业异质性贸易模型，运用微观贸易数据对中国对外贸易现象进行了一些较有解释力的研究。譬如，阿米蒂和弗罗因德（Amiti and Freund，2007）基于HS10位数贸易数据的实证研究发现，1992年以来，中国对美国的出口增长主要源于集约边际，扩展边际的贡献充其量只有15%，而且1997～2005年间中国贸易条件逐步恶化，对美出口价格平均每年下降1.5%；钱学锋、

---

① 陈勇兵、陈宇媚：《贸易增长的二元边际：一个文献综述》，载于《国际贸易问题》2011年第9期，第160页。

② 在新新国际贸易理论中，以梅里兹模型（Melitz，2003）模型和伯纳德模型（Bernard et al.，2003）模型最具代表性，前者基于克鲁格曼模型框架，后者以多国李嘉图模型为基础，二者虽有具体差异，但结论十分相似。"边际（margin）"是微观经济学的一个重要范畴与分析方法，一般是指自变量增加所引起的因变量的增加量。"集约边际（intensive margin）"也称深度（化）边际，一般反映贸易量值的变化，主要是指已有贸易国家、企业、产品在数量上的扩张；"扩展边际"（extensive margin）也称广度（化）边际，一般反映参与贸易的国家、企业或产品数量的变化，主要表现为开拓新的出口市场、新企业进入出口市场、出口产品种类的增加以及新产品种类的增多。

③ 较有代表性的文献如：Eaton等（2004）、Helpman等（2004，2008）、Chaney（2005，2008）、Hummels and Klenow（2005）、Felbermayr and Kohler（2006）、Bernard等（2006，2010）、Besedes and Prusa（2007）、Brenton and Newfarmer（2007）、Amurgo‐Pacheco and Pierola（2007）、Broda and Weinstein（2010）、Goldberg等（2010）、Eckel and Neary（2010）、Mayer等（2011），这些研究侧重探讨了二元边际的界定、测度和分解，二元边际的贡献率差异，二元边际对贸易流量的影响，二元边际的福利以及二元边际的决定因素等问题（万璐、王颖：《贸易增长二元边际的演化与检验：一个文献综述》，载于《国际经贸探索》2012年第5期，第48～56页）。

熊平（2010）研究认为，不论是多边贸易还是双边贸易，中国的出口贸易增长主要都是沿着集约边际而实现的；施炳展（2010）借鉴胡梅尔斯和克列诺（Hummels and Klenow, 2005）的方法，对中国出口增长的二元边际进行了三元分解①，结论显示，集约边际与扩展边际共同推进了中国出口的迅速增长，但是价格变动的贡献几乎没有。同样，马涛和刘仕国（2010）等人针对中国进口贸易的二元边际分析表明，中国的进口贸易增长仍然主要源自集约边际的变动。至此，我们不难发现中国对外贸易增长②的源泉目前主要归因于集约边际的扩张。

从上述新新贸易理论思想逻辑理解，狭义的贸易扩张的动因主要源自集约边际，即表现为已有企业、贸易产品在数量上的快速增加，而狭义的贸易增长的动因主要沿着扩展边际实现，即表现为新企业的进入以及贸易产品种类的持续增加。值得注意的是，尽管贸易扩张与贸易增长这两个理论范畴在狭义上存在上述显著区别与不同特性，但从一个较为宽泛的角度看，贸易增长和贸易扩张存在一些内在的、无法割裂的必然联系：（1）二者都可以用来描述或分析贸易发展态势与发展过程，甚至有时在现实中的确难以分辨，从而，也可以认为广义的贸易增长包括贸易扩张，或者说，贸易扩张通常是一个国家或地区实现贸易增长的必经路径或初级状态；（2）从贸易发展协同性角度考虑，假设一国或地区的进出口贸易增长率和全球进出口贸易增长率处于协同发展态势，则可称为贸易增长，相反，可以视为贸易扩张；（3）从词义上考察，贸易增长相对比较中性，而贸易扩张多少带有一定的主观价值判断或国际生产关系意识倾向。

诚然，人们对一个范畴或概念的理解和认知因其所秉持的立场不同而不同，不难理解，前文试图所做的界定与区分基本站在包括中国在内的发展中国家的立场上。因此，还有一点需要说明的是，对于发达国家，即便大都具有质量、技术与品牌优势，只是优势程度不同而已，如果处于不同发展时期或以全球贸易为参照系来考察，依据前文逻辑，仍然可以从理论上区分是归属贸易扩张还是贸易增长。

---

① 国内学者施炳展将出口贸易增长归因为"广度增长"、"数量增长"与"价格增长"三个方面，故称三元分解。

② 此处的贸易增长是从一个宽泛的意义上说的，亦即广义的。

概览中国改革开以来30多年的对外贸易总体发展态势、过程及其理论研究主流结论，我们可以发现，中国对外贸易发展基本具有前文所阐述的贸易扩张特征。不过，近几年，由于经济危机的冲击和全球经济失衡的影响，中国对外贸易有些步履维艰，短期而言，似乎难以用"扩张"来描述，尽管如此，从世界贸易平均发展水平而言，笔者相信一定时间内，中国对外贸易扩张过程尚未结束，在不久的将来或将迎来持续增长的春天。因此，本书将对我国与贸易相关的环境规制问题研究置于"贸易扩张"背景和语境下显然不无道理。①

1.2.2　市场失灵与环境污染负外部性

从经济学理论意义上说，完全市场经济可以实现资源配置帕累托最优状态，但离开一系列假设条件，市场机制在很多经济领域却不能导致资源优化配置，这与经济学家们所构建的抽象且近乎完美的理论模型相悖离，学术界通常将这种现象称为"市场失灵"。大致而论，市场失灵主要包括外部效应（外部性）、公共物品、公共产权资源、界定不完整或保护不充分的产权、非竞争性市场以及不完全（或非对称）信息（托马斯．思德纳，2005）。其中，外部性概念由阿尔弗雷德·马歇尔（Alfred Marshall，1890）最早提出，20世纪20年代后其弟子阿瑟·赛斯尔·庇古（Arthur Cecil Pigou，1920）进一步完善了外部性理论。

环境经济学对污染问题的分析，一般以"市场失灵"的概念为基准点，并通常借助外部性理论开展相关研究（兰天，2004）。所谓外部性也称外部效应，是指经济主体（厂商或个人）的生产或消费行为对与其自身没有交易的第三方福利状况所产生的影响，但是，这种影响无法通过市场价格机制反映出来，而是通过影响第三方的利润函数或效用函数产生作用。简而言之，外部性是指经济主体将成本强加于或将利益带给没有和他们有交易的一方（张红凤，2012）。其通常分为正外部性和负外部性，正外部性是指行为主体的行为使他人或社会受益，而获益者又无须支付成

---

①　此部分内容（1.2.1）的主要目的旨在阐述本书立意的现实背景与理论视域，虽然基于微观视角的贸易增长问题颇为前沿，但由于本书的落脚点在于环境规制问题，从而笔者在核心内容中没有过多触及中国对外贸易扩张的二元边际分析，相关章节关于环境效应和贸易效应的分析也主要限于宏观或中观视角。

本；负外部性是指行为主体的行为使他人或社会受损，而行为主体却没有为此承担责任或代价。由于人类赖以生存的空气、水体、土壤等一系列环境要素兼具稀缺性与公共物品特征，从而环境污染行为必然存在典型的负外部性。如果不存在"外部性影响"，即不存在独立于市场之外的相互依赖性，每一个完全竞争的均衡都是帕累托最优的（福利经济学第一定理），但是把这一定理应用于实际的公共行动是十分困难的，这些年，由于越来越清楚地认识到环境和自然资源的重要性，传统资源配置模式的缺陷已经越来越明显地暴露出来了[①]。

由此可见，外部性是环境经济学家分析环境问题的逻辑起点，解决环境问题的关键在于如何实现环境成本内部化。对于环境成本内部化，主流经济学领域存在两种主要方法：一是通过征收庇古税、环境税、资源税等措施对市场经济运行机制的固有缺陷予以矫正和规避；二是合理运用产权制度经济学理念，不断建立、健全、完善环境、资源产权交易制度，通过污染交易许可证等措施来实现环境成本内部化，合理治理环境污染。但是，从学术意义上说，环境经济学家并不主张经济增长与发展实现零污染，事实上也是不可能的，确切地说是要把环境污染控制在生态阈值之内。

1.2.3　现代意义上的环境规制

规制是对政府规制的简称[②]，不同流派经济学家对规制内涵的认知存在差异，但通常基于公共利益范式或利益集团范式，尽管两种不同范式的理论阐释各有侧重，但现实世界的规制不但起因于公共利益又隐含着利益集团的作用。因此，较为科学的界定和理解应当逐步融合公共利益范式与利益集团范式。那么，现代意义上的规制可以界定为：在市场经济条件下，政府为了克服微观经济无效率和社会不公平，实现社会福利最大化与财富再分配，利用国家强制权依法对微观经济主体进行的直接或间接的经济性与社会性控制或管理。[③]

---

① 阿玛蒂亚·森：《伦理学与经济学》，商务印书馆2000年版，第38~39页。
② 经济学中的规制是指政府为控制企业的价格、销售和生产决策而采取的各种公开行动，这些行动旨在努力制止不充分重视社会利益的私人决策（参见《新帕尔格雷夫经济学大辞典》）。
③ 张红凤、张细松：《环境规制理论研究》，北京大学出版社2012年版，第13页。

多年以来，经济学界关于规制概念及其分类一直存在争论和分歧。经济学家出自于不同的分析目的、从不同的角度对规制进行分类，但是，将规制大致分为经济性规制和社会性规制，还是得到学术界的普遍认同。在20世纪70年代之前，规制作为区别于私人规制①的公共规制主要归属经济性规制，特别是集中于对自然垄断产业进入限制、价格限制、准入标准等问题的探讨；20世纪70年代之后，环境保护、生产者安全、消费者安全等社会公共安全问题逐步受到经济学家们的广泛关注，环境规制等社会性规制也成为规制经济学重要研究课题。从而，植草益（1992）对规制进行了比较宽泛的界定："依据一定的规则对构成特定社会的个人和构成特定经济的经济主体的活动进行限制的行为"②。

基于上述逻辑，现代意义上的环境规制是指政府（规制机构）为了克服环境污染负外部性，利用国家强制权依法对微观经济主体进行的直接或间接的社会性控制或管理。具体而言，狭义的环境规制是作为一种直接的环境政策工具体系存在的，主要包括标准、禁令、不可交易的许可证或配额，以及分区规划、执照和责任规则等；广义的环境规制还包括利用市场、创建市场、公众参与三类间接的政策工具，其中，利用市场主要包括补贴削减，针对排污、投入和产出的环境税费，使用者收费（税或费），执行债券，押金－退款制度和有指标的补贴等，创建市场主要包括产权与地方分权、可交易许可证和权利、国际补偿机制，公众参与主要包括信息公开、加贴标签和社区参与等对话和合作机制。③ 如果从国际角度考虑，广义的环境规制还包括国际环境条约、国际环境标准以及各国的环境法律法规或有关环境协定，等等。④

---

① 私人规制不属于经济学的范畴，比如父母亲对子女、老师对学生、师傅对学徒的约束行为。

② 钟庭军、刘长全：《论规制、经济性规制和社会性规制的逻辑关系与范围》，载于《经济评论》2006年第2期，第147页。

③ 托马斯·思德纳：《环境与自然资源管理的政策工具》，上海三联书店、上海人民出版社2005年版，第102~105页。

④ 需要说明的是，本书所讨论的环境规制主要基于中国自身角度，关于其他国家环境规制对中国贸易扩张的影响暂不考虑。

1.2.4 国际贸易的环境效应

国际贸易与环境的共生与协调是当今国际贸易领域的一个现实性难题，迄今为止，经济学界关于国际贸易对环境的影响存在很大争议，总体上存在有益论、有害论、不确定论三种理论观点分歧。但主流研究一般认为国际贸易对环境的影响较为复杂，既有积极影响也有消极影响。从现实角度来看，促进国际贸易与环境协调发展的关键在于如何增强其对环境的积极影响而减弱或消除其对环境的负面影响，因此，首先必须从理论上厘清国际贸易的环境效应形成机理。如同人类所有行为均离不开环境一样，国际贸易作为现代世界经济系统的重要组成部分，从地理大发现与原始积累阶段开始，就与生态环境资源密不可分。尽管如此，仍然没有充分证据足以支持国际贸易的发展必然直接影响环境。经济学意义上所探讨的国际贸易（对外贸易）的环境效应，主要是指国际贸易通过各种经济途径或渠道对自然生态环境产生的间接影响与综合作用，其研究范式最早可以追溯到格罗斯曼和克鲁格（Grossman and Krueger，1991）关于 NAFTA 对环境影响的探讨，他们运用贸易——环境一般均衡分析开创性地将贸易对环境的影响具体界定为规模效应、结构效应、技术效应。此后，朗格（Runge，1993）从资源配置效率、经济活动规模、产出结构、生产技术及环境政策等不同视角解析了贸易自由化的环境效应；潘那约托（Panay-otou，2000）则进一步从规模、结构、技术、收入以及政策五个方面拓展了国际贸易的环境效应理论模型。整合主流观点，笔者认为国际贸易的环境效应是指国际贸易活动所引致的经济规模、经济结构、技术进步、收入水平、市场化程度、环境政策等因素的变动对环境产生的积极和消极影响，具体表现为规模效应、结构效应、技术效应、收入效应、市场效应与政策效应。其基本内涵及生成机理解析如下：

（1）国际贸易对环境影响的规模效应。依据古典贸易理论思想，国际贸易可以促进资源优化配置，尽管经济学家当初没有过多考虑环境要素与环境资源，但在这个意义上说，现代贸易同样有助于环境资源的有效使用和消费。大量理论研究和事实经验表明，许多国家或地区通过大力发展对外贸易直接促进了财富积累，经济规模扩大引致财政收入与居民收入得以显著提高，在政策中性条件下，更多的资金可能被用于环境保护与治理，在一定程度上缓解了环境污染、解放了一定环境承载力；另外，安德罗尼和莱文森（Amdreon and Levinson，1998）研究发现，污染治理活动可能存在规模效益递增，即单位产品分摊的环境成本或降污成本随经济规模递增而呈递减趋势。基于上述两个主要方面的原因，贸易对环境的影响通常显现规模正效应。但是难以否定的是，贸易所引致的经济规模扩张大多数情况下会导致规模负效应，这是因为经济规模扩张必然引起环境资源要素及其相关投资品需求上升，"如果产出的实现或销售过程仍然沿用原有的技术，在缺乏有效环境政策支持的情况下，自然资源的使用和污染物的排放将增加，从而恶化环境质量"①。如果发生市场失灵或政府失败，环境污染的负外部性更加显著，贸易对环境影响的规模负效应会越来越大。

（2）国际贸易对环境影响的结构效应。在开放经济条件下，由于国际市场价格机制的作用，国际贸易会驱动环境要素在产业间重新配置，具有环境比较优势或竞争优势的部门生产规模扩张，不具备环境比较优势或竞争优势的部门生产规模缩减，从而导致产业结构不断变化与调整，并进一步影响环境质量，此即结构效应。如果污染密集型产业出口比例下降、清洁型产业出口比例上升，环境质量改善、污染减少，对外贸易对环境产生正的结构效应；相反，如果污染密集型产业出口比例上升、清洁型产业出口比例下降，环境质量恶化、污染增加，对外贸易对环境产生负的结构效应。然而，现实中的产业比较优势或竞争优势不仅仅取决于环境要素禀赋差异，还受劳动力、资本、技术、贸易政策以及环境规制的制约，因此，结构效应对环境质量的影响往往存在复杂性与不确定性。

（3）国际贸易对环境影响的技术效应。一般来说，由于规模经济和市场竞争的作用，伴随商品、要素流动自由化程度与市场开放度的提高，一国或地区对外贸易增长有助于提高投入产出效率与全要素生产率，刺激技术进步，促进经济增长方式转变。② 当然，这种经济增长方式的转变不会一蹴而就，也难以自动实现，通常必须借助于强有力的市场力量或政府规制。但无论如何，从中长期而言，一旦经济步入集约式增长，单位产出的环境要素投入减少；同时，生产企业为了追求利润最大化试图增加对新

---

① 兰天：《贸易与跨国界环境污染》，经济管理出版社2004年版，第12页。

② Chenery（1986）、Harrison（1991）、Salvatore and Hatcher（1991）等人的研究均支持这一点。

的环保技术、清洁技术的推广与应用；另外，微观经济主体还可以基于国际贸易所引致的技术溢出效应降低单位产出的环境成本。不难看出，在三种因素共同作用下，技术进步可以导致污染不再增加以至随着收入增加而逐步减少，这就是贸易对环境影响的技术效应。另外，从全球视野来考察，安德罗尼和莱文森（1998）研究显示，只有在环境技术规模收益递增条件下，环境库兹涅茨曲线（EKC）才会呈现倒 U 型，即当单位环境成本或单位治污成本随经济规模扩大而递减，一国或地区才可能步入高消费、低污染状态，相对而言，高收入国家比低收入国家更易实现。

（4）国际贸易对环境影响的收入效应。假设不存在市场失灵和政府失败，或者市场失灵和政府失败程度较低的情况下，开放经济与自由贸易有助于提高人均收入水平。随着收入逐步增加，社会公众的消费需求偏好发生改变，尤其是中高收入阶层对环境质量的要求逐渐提高，对环保产品、绿色产品的潜在需求十分强烈，客观上，这种环境友好型需求会进一步引导或刺激微观经济组织自愿或非自愿提高环境标准，努力研发、设计、生产符合公众绿色需求的产品。因此，笔者认为，从长期而言，因收入弹性的变化，自由贸易乃至战略性贸易本身的发展均有可能促使企业实行清洁生产、节能减排，从而消除或降低环境污染，此为贸易对环境影响的收入效应。不过，收入正效应的实现很大程度上取决于市场价格体系能否合理体现环境要素的价值。

（5）国际贸易对环境影响的商品效应。20 世纪 70 年代，伴随许多发达国家成员纷纷以保护环境为由限制外国商品进口，关贸总协定（GATT）就开始关注贸易与环境问题，1994 年乌拉圭回合谈判最后文本签署前 GATT 通过了《贸易与环境的决议》，2001 年 WTO 新一轮多哈回合谈判（亦称多哈发展议程）将贸易与环境作为唯一的新议题进行磋商，这标志着贸易与环境问题正式被纳入多边贸易体制框架。十余年来，围绕多边贸易利益的国际博弈十分激烈，由于大国成员互不相让，多哈回合谈判一波三折、进展异常缓慢。尽管如此，相对于传统议题而言，贸易与环境议题最有可能被各成员方普遍接受并形成谈判成果。[1] 多哈回合贸易与环境议题谈判的终极目标在于实现贸易与环境协调发展，目前，谈判的核

---

[1] 万怡挺、马建平：《WTO 多哈回合贸易与环境谈判回顾与展望》，载于《环境与可持续发展》2011 年第 3 期，第 41 页。

心是削减关税与非关税环境壁垒，逐步推进环境货物与服务贸易自由化①。国际贸易通过具有环境影响的商品和服务的国际交换来影响环境，这就是国际贸易对环境影响的商品效应。② 国际贸易通过环境产品对环境的影响既有正面的也有负面的。一方面，在收入增长和全球环境运动的推动下，世界大多数国家特别是新兴经济体成员公众绿色需求偏好逐步强烈，尽管一般商品销售非常艰难，但对环境友好型产品与服务的需求却日趋旺盛，而个别发达国家环境货物与服务能力却相对过剩，从而，贸易自由化有助于国际环境友好型货物与服务贸易在全球扩散。事实上，自20世纪90年代中期以来，环境设备与环境服务贸易正以超越国际贸易平均增长率的速度迅猛发展。尽管目前WTO多哈回合贸易与环境谈判进展乏术，但从理论上说，只要国际环境货物与服务贸易持续发展，贸易对象国尤其是发展中国家就有可能以较低的价格获取环境友好型货物以及解决环境问题的工具与创新技术。简而言之，如果环境货物与服务贸易的对象有利于环境保护，国际贸易对环境产生积极影响，即显现商品正效应；另一方面，由于发达国家环境标准较高、环境政策较为严格，发展中国家环境标准较低、环境政策较为宽松，环境标准与政策的不同，进一步导致发达国家与发展中国家污染物处理成本存在巨大差异，如果国际环境货物与服务贸易协调与管控机制不够健全，在高额贸易利得驱动下，环境产品自由化会刺激环境污染型产品贸易扩张，从而对环境产生负效应。简而言之，如果环境货物与服务贸易的对象损害环境，国际贸易对环境产生消极影响，即显现商品负效应。

（6）国际贸易对环境影响的市场效应。国际贸易通过市场化程度、市场结构、市场效率等市场因素对环境所产生的影响，就是国际贸易对环境的市场效应，这种效应通常属于国际贸易动态利益的范畴。一国发展国际贸易的实质就是参与国际竞争，国际贸易作为国际分工的重要途径是促使本国企业与外国企业直接或间接地相互较量。也就是说，一方面，出口导向型企业必须与生产相同或相似产品、提供同类服务的外国企业激烈竞争；另一方面，国内进口竞争部门还要和进口商品或服务同台竞技。因

① WTO多哈发展议程将具有环境影响的商品和服务定义为"环境货物与服务"，即有形的环境货物与无形的环境服务。

② 俞海山：《国际贸易环境影响效应分析》，载于《经济理论与经济管理》2006年第8期，第70页。

此，国际贸易有助于刺激国内企业充分发挥比较优势，竭尽全力提高竞争优势，否则就会被国际市场所淘汰。中国改革开放的实践已经证明，凡是主动参与国际竞争、接受国外市场挑战的企业和行业，都获得了显著的进步和发展。[①] 30 多年以来，伴随对外开放与国际贸易扩张，我国逐步融入全球分工体系，资源配置方式也逐渐由计划经济转向市场经济。在国际竞争的示范效应和倒逼机制作用下，一个曾经闭关锁国的中国跃然成为充满活力的新兴经济体，市场化程度显著提高，竞争性产业的市场结构不断趋向优化，久而久之，在市场竞争的驱动下，市场资源配置效率、市场信息效率和市场行为效率也得以改进和提升，进而有利于环境资源配置实现帕累托次优。当然，在现实经济世界中，信息不完全、制度设计缺陷、有限理性等都有可能引致市场失灵或政府失灵，从而弱化国际贸易对环境的市场效应。

（7）国际贸易对环境影响的政策效应。国际贸易通过与其相关的环境政策对环境所产生的影响就是国际贸易对环境的政策效应。环境政策是一国政府部门为了实现社会经济与环境协调发展而制定的一系列社会经济行为原则，是一个国家环境立法与环境管理的指导方针和基础。自 20 世纪 50 年代英国初尝工业化苦果以来，西方发达国家相继不断完善环境政策、强化环境规制，特别是 90 年代中后期至今，伴随环境友好型产品需求日趋增长和国际竞争不断加剧，发达国家实行了大量与贸易相关的环境政策法规与制度安排，环境标准日趋严格，涵盖贸易领域不断扩展。迄今，欧盟、美国、日本等主要发达经济体已经形成相对比较完备的环境政策体系，在一定程度上正主导全球贸易与环境规则的话语权。基于上述背景，国际贸易通过环境政策对环境的影响既有积极的也有消极的。一方面，随着经济全球化和贸易自由化纵深发展，与贸易相关的环境制度安排开始出现趋同倾向，发达国家在制定、贯彻与贸易有关的环境政策方面提供了较强的示范作用，进而在客观上诱致或刺激发展中国家乃至最不发达国家逐渐建立并完善环境政策、提高环境标准、加强环境规制。在环境政策作用下，发展中国家外贸导向型企业环境成本内部化程度逐渐提升，出口产品环境竞争力不断提高，从而有利于改善环境，产生环境政策正效应；另一方面，为了谋求国际贸易利益最大化，低收入国家纷纷试图降低

---

① 张二震：《国际贸易学》，南京大学出版社 2009 年版，第 41 页。

相对环境标准，放松与贸易相关的环境管制，即可能出现向环境底线赛跑（亦称环境竞次）与污染天堂现象；同时，高收入国家可能以保护环境与国民健康为借口，高筑与贸易相关的环境壁垒，以达到保护国内相关产业的目的，客观上导致低收入国家贸易利得减少、解决环境问题的能力削弱，进而产生环境政策负效应。

1.2.5 环境规制的贸易效应

从某种程度上看，环境规制是政府为解决市场微观经济活动的负外部性而对市场机制的一种补充，其必然在微观层面和宏观层面对经济发展产生效应。[①] 就对外贸易而言，微观效应主要表现为环境规制对外贸企业竞争力或市场势力的作用，而宏观效应则体现为环境规制通过外贸产业结构、外贸产业竞争优势、开放经济等传递路径对宏观经济领域的影响。值得强调的是，如果将这一命题置于现实世界中仔细考量，我们不难发现，由于环境监控不完全、信息不对称、生态和技术的复杂性、损害成本与控制污染成本的突变性影响[②]，环境规制的各种社会经济效应均存在较大不确定性，贸易效应也概莫能外。而且，这些不确定性往往导致环境规制效果偏离预期，因此，理论上的影响机理未必经常与现实中的经验性结果相吻合。即便如此，从理论上对环境规制的贸易效应基本内涵及其生成机理予以解析仍然十分必要。

（1）环境规制的企业成本效应。从静态角度来说，在环境规制影响下，企业环境成本逐步内部化导致企业经济支出增加，这些支出主要包括环境治理、环保技术研发、环境评估等支出，以及污染罚款、排污费、环境许可证摊销费等。经济负担加重势必进一步引致企业生产成本上升，继而推动产品价格上升，但由于市场需求弹性的制约，产品价格上升不会超过企业控制污染的成本，企业成本加成能力得以削弱，最终会抑制出口贸易比较优势或国际市场势力，从而出口逐渐减少。

（2）环境规制的产品异质性效应。从短期而言，企业很难改变原有

[①] 张红凤、张细松：《环境规制理论研究》，北京大学出版社 2012 年版，第 78 页。

[②] 托马斯·思德纳：《环境与自然资源管理的政策工具》，上海三联书店、上海人民出版社 2005 年版，第 702～708 页。

产品技术参数、特性与要素供给比例。但在长期内，受规制企业为了适应环境规制可能会主动改进原有产品质量、性能、品类、品牌管理乃至服务质量，进而引起产品异质性不断凸显。在消费个性化与全球生产网络背景下，国际分工日益由以产品为界限向以工序为界限转变，产业内与产品内贸易不断兴盛，消费者对产品异质性偏好日趋强烈。因此，环境规制在一定程度上会促进异质性产品国际需求增加，使企业获得国际市场先行优势，相关产业国际市场势力也得以不断提升。

（3）环境规制的创新效应。在生态文明背景下，消费者环境偏好日趋强烈，环境竞争力较强的绿色产品通常会获取更高的成本加成能力。从动态角度考察，环境规制通常会刺激微观经济主体进行产品创新、工艺创新与环境技术创新。其中，产品创新的根本目的在于提高产品环保性能、安全性能以及成本加成能力；工艺创新旨在提高资源利用率的基础上进一步扩大产出；环境技术创新的核心动机重在降低污染、节能减排。一方面，这些创新有利于降低污染治理费用、减轻或规避相关税费与罚款，从而降低出口贸易成本；另一方面，创新会促使生产效率提高与产业结构优化升级。进而，两方面的合力给企业带来创新收益，当创新效益超过环境规制所增加的成本，企业就获得了创新补偿。大量经验研究显示，正是这种创新补偿推动企业在环境规制条件下仍然不断推陈出新。

另外，对环境规制的贸易效应的分析必须注意静态与动态之分，基于完全理性假定的传统规制经济学一般认为环境规制会制约企业竞争力或市场势力，其理论核心在于如何平衡社会福利最大化与企业的经济负担，这种认知基本归属静态效应分析。然而，一般而言，经济活动的不确定性决定经济学理论发展和创新过程中的不确定性，这些不确定性不可避免地使旧理论经常被新理论所代替。[①] 正因为这样，环境规制理论也呈现出由完全理性假设向有限理性假设的转换。[②] 基于有限理性假定的新规制经济学则主张环境规制可以实现双赢，不会抑制企业竞争力或市场势力，其实质是一种动态效应分析。

[①] 何大安：《产业规制的主体行为及其效应》，格致出版社、上海三联书店、上海人民出版社 2012 年版，第 1 页。

[②] 张红凤、杨慧：《规制经济学沿革的内在逻辑及发展方向》，载于《中国社会科学》2011 年第 6 期，第 60～63 页。

1.3 方法、内容与结构

本书主要基于新古典经济学、规制经济学、制度经济学、行为经济学等学科的逻辑思想与相关范畴，结合中国对外贸易与环境的现实冲突以及国际气候变化的严峻挑战，借鉴格罗斯曼和克鲁格（Grossman, G. M. and A. B. Kruger, 1991, 1995）、安特卫勒（Antweiler, 2001）、科普兰和泰勒尔（Copeland, B. R. and M. S. Taylor, 2003）等著名国际环境经济学家开创的贸易——环境一般均衡模型框架及研究范式，运用时间序列数据和地区面板、行业面板数据，构建改进的计量经济模型，实证研究中国对外贸易的环境效应、环境规制的贸易效应、对外贸易的碳排放效应，进而对中国对外贸易扩张的环境规制问题进行规范分析，并提出基本思路与相关政策建议。

全书除自序和后记之外，共分七个部分展开研究：第 1 章从贸易自由化与环境保护之间的学术争论切入，分析本书研究的现实背景与理论意义，阐释贸易扩张与贸易增长、市场失灵与环境污染负外部性、现代意义上的环境规制、国际贸易的环境效应、环境规制的贸易效应等基本研究范畴或概念及其相关理论前沿，并解析研究方法、主要内容与篇章结构。第 2 章从人类自然价值观与生态学理论演进视角出发，阐述生态经济学兴起、国际贸易与环境问题的经济学逻辑，并结合相关文献回顾归纳国际贸易与环境问题研究进展及其发展趋势，从而为本书研究奠定理论基础与思想体系。第 3 章分析中国经济增长趋势及其国际经济地位，结合相关指标数据，对中国对外贸易与环境总体现状进行统计性描述和分析，并基于 2002 ~ 2012 年中国重大环境污染事件，对中国贸易扩张背景下环境污染成因与危害进行规范分析。第 4 章根据行业、地区面板数据建立计量模型，着重探讨中国出口贸易的环境效应，并分析其行业差异与区际差异，以期为中国出口贸易管理与相关环境规制提供些许理论依据。第 5 章首先基于一个误差修正模型分析环境规制对中国出口的影响，接着运用 VAR 模型对环境规制、技术进步对贸易扩张的贡献和作用进行脉冲响应分析与方差分解，最后重点采用半对数固定效应变系数模型实证考察中国环境规制的出口效应及其行业差异。第 6 章试图将对外贸易的碳排放效应纳入贸易与环境一般均衡模型，从行业和地区双重视角，运用面板数据模型对中国出口贸易的碳排放效应予以计量分析。第7章阐释中国对外贸易扩张中的环境规制政策工具、政策建议及可能的制度安排，并结合相关章节实证分析结果提炼几点启示性结论及进一步研究方向。

从逻辑上看，上述七章内容基本可以界定为三个研究模块，第一个模块包括第1~3章，以理论分析、逻辑分析与归纳分析为主，旨在为第二个模块的研究奠定理论基础与分析框架；第二个模块包括第4~6章，以经验分析、统计分析为主，旨在以贸易——环境一般均衡理论模型为基础构建计量模型，分别对对外贸易的环境效应、环境规制的贸易效应、出口贸易的碳排放效应予以实证研究与考察；第三个模块为第7章，旨在对第一、第二个模块研究内容予以总结，并提出研究展望。这三个研究模块相互区别，又相互联系，共同构成一个有机的整体。整体而言，本书以实证研究为主，理论研究为辅。由于时间和能力所限，本书在贸易扩张与环境规制互动影响机制的理论分析及其理论模型构建方面没有进行十分透彻的研究，期待在今后的研究中继续探索。

第 2 章　贸易与环境问题溯源及其研究进展

经历农业文明和工业文明的发展，环境问题日益严峻，庆幸的是人类逐渐从征服自然的梦魇中觉醒，并且深刻认识到地球是人类共同、唯一的家园，生态文明的曙光逐渐显现。正如美国经济学家芭芭拉·沃德（Barbara Ward）、生物学家勒内·杜博斯（Rene Dubos）所言："……我们已经进入了人类进化的全球性阶段，每个人显然有两个国家，一个是自己的祖国，另一个是地球这颗行星"[①]。自第二次世界大战以来，经济学家们纷纷对工业文明进行深刻反思，许多新经济学理论思潮大量涌现，其中，生态经济学与环境经济学理论为人们认知和解决贸易与环境问题提供了丰富的思想源泉与丰厚的理论基础。

2.1　人类自然价值观与生态学理论演进

从某种意义上说，生态学是生态经济学与环境经济学的自然科学理论基础，是生物学向宏观方向发展的结果。20 世纪 90 年代以来，生态学理论不断扩展到经济、管理乃至人文、政治等社会科学领域，用来研究社会经济现象和行为。研究环境问题，必须梳理生态学理论及其自然价值观的演进路径，生态学理论演进过程就是人类与自然生态环境关系逐步演变的过程。人类与环境之间的关系以及人类对这种关系的认知也是逐渐发展、变化的，大致可以分为三个阶段：第一阶段，从人类的产生开始到文艺复兴之前，为神秘文化阶段，相当于人类文明的蒙昧阶段；第二阶段，从文

[①]　芭芭拉·沃德、勒内·杜博斯：《只有一个地球》，吉林人民出版社 1997 年版，第 17 页。

艺复兴开始到 20 世纪中期，即工业文明阶段；第三阶段，20 世纪 60 年代至今，即生态文明阶段①。在第一阶段，人类对自然的态度以崇拜为主；在第二个阶段，人类对自然的态度以征服为主；在第三个阶段，人类对自然的态度以协调为主。

2.1.1 生态意识启蒙与古代生态哲学观

人类生态意识的萌芽经历了漫长的时间，大约由公元前 21 世纪到公元 16 世纪。这一时期的生态思想以朴素的整体观为核心，主要见诸于古代思想家、哲学家、博物学家对生物与环境相互关系的认识。古希腊哲学思想和中国古代道家、儒家思想可谓人类古代生态思想的精华，至今仍大放异彩。

古希腊哲学家泰勒斯（Thales，约公元前 625～前 547 年）认为"水生万物，万物有灵"；阿那克西曼德（Anaksimandros，约公元前 610～前 545 年）主张"各种存在物由它产生，毁灭后又复归于它，都是按照必然性而产生的，它们按照时间的秩序，为其不正义受到惩罚并且相互补偿"；德谟克利特（Democritus，约公元前 460～前 370 年）指出："没有任何东西从无中来，也没有任何东西毁灭后归于无"。这些哲学观点和恩培多克勒（Empedocles，约公元前 492～前 432 年）对植物营养与环境关系的关注，以及亚里士多德（Aristotle，公元前 384～前 322 年）对动物栖息地的描述乃至动物类群的划分都蕴涵着朴素的生态思想。

我国古代生态意识的萌芽最早可以追溯到夏代，几千年的历史中闪烁着大量生态智慧的火花。譬如《夏小正》把每月的天象变化、气候情况、物象特征与农事活动视为一个整体，以求人的活动与自然界的运动统一协调，体现了天地人相统一的生态观②；《逸周书·大聚篇》记载："春三月，山林不登斧，以成草木之长；夏三月，川泽不入网，以成鱼鳖之长"；公元前 11 世纪西周《伐崇令》规定："毋坏屋，毋填井，毋伐树木，毋动六畜……"；孟子主张："苟得其养，无物不长；苟失其养，无

---

① 张录强：《生态学视野中的若干人文社会科学问题》，载于《生态文明研究》2004 年第 9 期，第 209 页。

② 冯东飞、李怀军：《西部大开发所面临的环境代价问题及对策》，载于《榆林学院学报》2004 年第 1 期，第 51～54 页。

物不亡";《秦律·田律》规定:"春二月,毋敢伐山林,雍堤水。不复月,毋敢夜草为灰,取生荔……毋毒鱼鳖,置阱网。到七月纵之。"从上述历史文献不难发现,当时人们对自然资源与生态环境的认识已经有了巨大进步。

中国春秋末期,思想家老子的思想体现着朴素、自然、豁达的宇宙观和人生观,同时,折射出深邃的生态思想,随着中华民族逐步走向世界、融入国际社会,老子哲学被越来越多的西方学者所推崇。老子用"道"来说明宇宙万物的演变,提出"无名天地之始,有名万物之母"、"道者万物之奥"、"天下万物生于有,有生于无"、"道常无为而无不为"和"人法地,地法天,天法道,道法自然"等观点,以及"反者道之动"等命题,认识到一切事物都有正反两面的对立,一切事物都是"有无相生"。"道"可以解释为客观自然规律,同时又有"独立不改,周行而不殆"的永恒绝对的本体的意思。当代美国学者塔柯尔曾指出,中国道家思想和儒家思想对自然生态学和社会生态学发展做出了特殊贡献。虽然二者都强调人与自然的和谐相处,但在一定程度上,道家有利于人们深化对自然法则的认知,而儒家有助于约束人们对自然法则的破坏。

2.1.2　近代生态学理论发展

生态学的许多基本概念、基本理论和研究方法是从 17 世纪开始奠定的。17~18 世纪比较有影响的生态学研究成果主要有波义耳(Boyle,1627-1691)关于低压对动物效应的研究,布丰(Buffon,1707-1788)对积温与昆虫发育的研究等。19 世纪以前科学家只是偶尔从生态学角度思考问题,进入 19 世纪以后,西方生物学家开始关注动植物群落与生境的关系。生态理论创始人亚历山大·冯·洪堡(Alexander Von Humbold,1807)通过对地质学、气候学、植被学等的研究,系统描述了重复出现的植被类型,并认为各种自然现象相互联系且依其内部力量不断运动发展。李比希(Liebig,1840)提出"最小因子定律",即"植物的生长取决于处在最小量状况的食物的量",这一理论思想为后来的生态学家研究生物与生境的关系提供了一把钥匙。德康多(De Candolle,1855)详细论述了各种环境因素对植物的影响,并提出植物生态可塑性高于动物的观点。海克尔(Haeckel,1866)首次提出生态学一词,并提出著名的"生物重演律"，即生物的个体发育会简捷重演系统演化的过程，1869 年他进一步将生态学定义为"研究动植物与有机及无机环境相互关系的科学，特别是动物与其他生物之间的有益或有害关系。"其研究成果标志着近代生态学的基本形成。

19 世纪中后期，生态学研究开始关注动植物的生活方式以及它们对气候条件的适应性。19 世纪 70 年代末，生态学领域出现了群落研究的新方向，摩比乌斯（Mobius，1877）基于北海牡蛎浅滩的研究提出把一群生物视作一个生态学单位的观点，并归纳出"生物群落"概念，从而进一步指出生物群落是各物种长期适应相似生态环境的结果。另外，盖耶尔（Gayer，1866）用生物学观点描述了森林，开创了森林生态学的新纪元；瓦尔明（J. E. B. Warming，1895）则发扬了亚历山大·冯·洪堡的生态学思想，为生态植物地理学奠定了基础；斯洛德（Schrode，1896）论证了个体生态学和种群生态学的差异；辛柏尔（A. F. W. Schimper，1898）研究了植物分布与环境因素的关系。其中，瓦尔明（J. E. B. Warming）等人的研究对近代生态学的发展产生了难以估量的影响。在群落研究上，北美植物生态学家则把注意力放在植物群落的发展和动态方面。考尔斯（H. C. Cowles，1897）的论文《印第安纳州北部沙丘植物区系的生态学关系》标志着生态学研究开始触及植物演替问题。克列门茨（F. E. Clements，1916）在被誉为植物生态学重要里程碑的《植物演替：植被发展的分析》一书中提出了森林演替理论。对生物群落及生物演替规律的研究标志着近代生态学发展到了一个比较高的阶段。

2.1.3　现代生态学理论及其自然价值观的嬗变

进入 20 世纪之后，生态学作为一门真正独立的现代科学开始进入辉煌发展时期，尤其是化学、物理、生理、气象、统计等学科领域出现的科技进步导致生态学的研究工具和检测方法得以大大改进，研究视角不断创新，从而涌现出许多新的生态学理论，研究方法开始由定性分析向定量分析转变。

格林内尔（J. Grinnell，1917）较早提出生态位（niche）概念，并用其划分环境的空间单位和物种在环境中的地位。种群生态学奠基人埃尔顿（C. S. Elton，1927）在《动物生态学》一书中将生态位阐释为"物种在生物群落或生态系统中的地位与功能作用"，同时，埃尔顿将生态学定义为"科学的自然历史"。此后腾格尔（Dengler，1930）提出"生态基础的造林理论"，高斯（G. F. Gause，1934～1935）通过草履虫种间竞争实验发现："由于竞争的结果，两个相似的物种不能占有相似生态位"。坦斯利（A. G. Tinsley，1935）在阐述陆地群落及其生境时创造性地提出"生态系统"的概念，指出生态系统是有机体与其生存环境不可分割并密切相连的一个整体，生态系统学说的提出极大地丰富了生态学的内容，为后来生态经济学的产生奠定了自然科学方面的理论基础[①]。20 世纪 30 年代末期，林德曼（R. L. Lindeman）等基于对明尼苏达州一个古老湖泊的能量流动试验，阐明了养分从一个营养级位到另一个营养级位的移动规律，提出了十分之一定律。苏卡乔夫（B. H. CykaëB，1940）又提出了"生物地理群落"的概念[②]。林德曼（R. L. Lindeman，1942）以数学方式定量地表达了群落中营养级的相互作用，建立了养分循环的理论模型，试图将生态学从定性研究转向定量研究，其研究成果对生态系统理论的建立做出了巨大贡献，标志着生态学研究开始进入现代发展时期。此后，西方生态学家逐步将系统论、控制论和信息论等新的理论和方法进一步运用到生态学研究中。第二次世界大战之后，生态学不断地吸收物理、数学、化学、工程等相关学科的研究成果，逐渐向精益方向发展，并形成了独立的理论架构和学科体系。此时，人们才真正认识到"生态系统"或"生物地理群落"概念的重要意义及学术价值，生态学理论体系从而日趋成熟。

20 世纪 50 年代以后，人类与环境之间的矛盾日益尖锐，民间环境运动风起云涌，生态学学科界限逐步扩展，生态专家和学者试图把人类置于生态系统之中并全面正确界定人类在地球生态系统中的地位与作用，协调人与自然的关系。由此，生态学越来越成为自然科学和社会科学相互融合的综合性学科。譬如，丘歇马克（Tschermak，1950）提出限制造林的理论，安德列沃斯（Andrewartha，1954）将生态学定义为"研究有机体的分布与多度的科学"，奥德姆（E. P. Odum，1956）将生态学定义为"研究生态系统的结构和功能的科学"[③]，赫钦逊（1957）提出"n 维超体积

---

① 严茂超：《生态经济学新论：理论、方法与应用》，中国经济出版社 2001 年版，第 8 页。

② 生态学家一般将生态系统和生物地理群落这两个概念视为同义语。

③ 中国环境生态网：http://www.eedu.org.cn。

生态位"（n-dimensional hypervolume niche）、基础生态位（fundamental niche）与现实生态位（realized niche）等概念，生态位理论得以显著进展[①]。尽管赫钦逊的研究不可能考虑到所有生态因子，但它仍然不失为一个非凡的创新，因为它将生态学理论研究导向一个更高的阶段。著名生态学家哈丁（1960）基于赫钦逊的理论将高斯（G. F. Gause）的论断阐释为"竞争排斥法则"，其意是指"完全的竞争者不能共存"。该法则一般可表述为：生态位分化[②]是不同生物在同一生境中共存的充分必要条件。如果存在生态位分化，那么就会产生生态位差异，从而消除生态位重叠；反之，一个竞争物种将消灭或排除另一个竞争物种。20 世纪 70 年代以后，生态学研究开始由主要研究个体、群体动植物种群与生境的关系向研究所有生命体包括人类自身与生境的关系转变，这标志着生态学研究开始由狭义生态学转向广义生态学。值得一提的是，分别制定于 20 世纪 70 年代和 80 年代的"人与生物圈计划（MAB）"、"国际地圈与生物圈计划（IG-BP）"等国际性研究计划从多学科角度研究了人与环境之间的关系，为资源和生态系统的保护及社会经济可持续发展提供了科学依据，为改善全球人类与环境之间的关系奠定了坚实基础，从而诱致和促进了人类新的自然观、价值观和道德观的逐步形成。后来，奥德姆（1997）又进一步提出生态学是"综合研究有机体、物理环境与人类社会的科学"。

2.2　生态经济学的兴起与发展

虽然主流西方经济学能够合理诠释现代混合市场经济的运行机理与规律，但是始终不能把生态要素很好地纳入其研究范畴与学科体系，从而无法从根本上为解决人类社会经济活动与自然生态系统的矛盾和冲突提供决策。正是基于主流经济学的这一缺陷和人类面临的现实困境，生态经济学作为一门边缘性的综合性理论经济学科逐步兴起。

---

① 基于一些实验和自然观测结果，生态学家通常将没有面临其他物种竞争的生态位称为基础生态位，相反称之为现实生态位。

② 生态位分化是指竞争个体各自从其部分潜在的生存和发展区退出，消除生态位重叠，从而实现共存。

2.2.1 生态经济学萌芽与产生

生态经济学的思想渊源，最早大约可以追溯到 17 世纪末 18 世纪初古典经济学家关于经济增长与资源承载力和环境容量间关系的朴素观点。譬如，17 世纪英国古典政治经济学的奠基人威廉·配第（Willian Petty，1623～1687）认为劳动创造财富的能力要受到自然条件的制约，并提出了"土地为财富之母，劳动为财富之父"的著名论断；托马斯·罗伯特·马尔萨斯（Thomas Robert Malthus，1798）开始关注人口与土地、粮食的关系，认为人口增长有超过食物供应增长的趋势，从而提出了"资源绝对稀缺论"；大卫·李嘉图（David Ricardo，1817）提出了不同于托马斯·罗伯特·马尔萨斯的"资源相对稀缺论"；约翰·斯图亚特·穆勒（John Stuart Mill，1871）提出了"静态经济"的观点，认为自然环境、人口和财富均应保持在一个静止稳定的水平，并作出了"生产的限制是两重的，即资本不足和土地不足"的结论[1]；恩格斯（1876）则在《自然辩证法》里警戒人类"不要过于得意我们对自然界的胜利"。客观地说，20 世纪之前，人们对生态与环境问题的关注主要体现在人口与粮食的矛盾，主流经济学一直主张环境对经济增长的制约是微不足道的，始终只是将生态与环境看作外生的变量。

那么，什么是生态经济学？它的研究对象是什么？对此学术界至今仍然存在一些分歧。在国际上，著名生态经济学家罗伯特·科斯坦萨（Robert Costanza）的定义比较权威，他认为生态经济学是从最广泛的意义上阐述生态系统和经济系统之间的关系的学科[2]。在我国，一般认为，生态经济学是从经济学角度来研究由经济系统和生态系统复合而成的生态经济系统的结构及其运动规律的学科[3]。生态经济系统基本矛盾的激化是生态经济学产生的理论基础，生态经济学就是从生态经济系统基本矛盾入手，将生态环境要素作为重要的经济增长要素内置于经济增长过程中，并运用系统功能分析方法来研究社会经济再生产运动过程中物质循环、能量

---

① 李周：《环境与生态经济学研究的进展》，载于《浙江社会科学》2002 年第 1 期，第 28 页。

② 周立华：《生态经济与生态经济学》，载于《自然杂志》2004 年第 5 期，第 238 页。

③ 马传栋：《生态经济学》，山东人民出版社 1986 年版，第 2 页。

流动、信息传递以及价值增值的一般规律性及其应用（吴玉萍，2005）。因此，如何实现生态系统与经济系统协调发展是生态经济学的中心课题[①]。笔者以为，生态经济学是一门新兴的边缘性理论经济学科，着重从自然科学和社会科学双重视角来研究客观世界，它有广义和狭义之分，广义的生态经济学与环境经济学在一定程度上存在一致性，但狭义的生态经济学与环境经济学、资源经济学、循环经济学、污染经济学、公害经济学是有严格区别的[②]。总而言之，生态经济学旨在以生态学原理为基础，以经济学原理为主导，运用系统工程方法，研究生态系统和经济系统的矛盾运动过程，从而揭示自然和社会之间的本质联系和规律，寻求人类经济活动和自然生态系统协调统一、平衡发展的对策和途径，为实现社会、经济、生态的可持续发展提供科学的理论依据。

20 世纪 20 年代中期，麦肯齐（Mekenzie）首次运用生态学概念对人类群落和社会予以研究。第二次世界大战以后，在人类中心主义思想的影响下，人口、资源、环境和人类社会经济发展的矛盾日益尖锐，人口爆炸、粮食不足、环境污染、生态退化、能源危机、资源短缺等一系列严峻挑战和社会公害开始敲响工业文明的丧钟，不仅严重威胁着人类的生存，而且制约着社会经济的进一步发展。20 世纪中期经济学家、生态学家、环境学家和社会学家开始对人类经典经济增长方式进行了全面而深刻的反思与批判，主流思想认为：只有确保"自然—经济—社会"复合系统持续、稳定、健康运作，才能实现人类社会的可持续发展，片面追求经济增长和生态平衡均无济于事，并彻底意识到只有将生态学和经济学有机结合，才能科学揭示自然和社会之间的本质联系和规律，正是基于这种背景生态经济学应运而生。蕾切尔·卡森（Rachel Carsen，1962）所撰《寂静的春天》一书引起人们的广泛关注，进而掀起一场席卷全球的拯救生态环境的运动，它的问世客观上催化了公众环境意识的快速形成。20 世纪 60 年代以前，人们对环境问题的关注多是基于美学和哲学视角，20 世纪

---

① 吴玉萍：《环境经济学与生态经济学学科体系比较》，载于《生态经济通讯》2001 年第 3 期，第 11 页。

② 本书主要是以狭义的生态经济学理论为基础的，没有过多涉及沃西里·里昂惕夫的投入产出理论、阿瑟·塞西尔·庇古的外部效应内部化理论、罗纳德·科斯的产权理论。

60 年代中后期，公众环境意识开始替代哲人环境意识①，越来越多的经济学家和生态学家试图利用生态学和系统科学的原理重新考量传统经济学的局限性。肯尼斯·鲍尔丁（Kenneth Boulding, 1968）首次正式提出生态经济学概念，明确阐述了生态经济学的研究对象，并对人口控制、资源利用、环境污染以及国民经济与福利核算等问题作了原创性研究②。另外，肯尼斯·鲍尔丁还提出了"循环经济"理念和"经济—社会—自然"协同发展的初始模型，他把地球比喻为浩瀚宇宙中的一只"飞船"，认为经济的不断增长终将耗尽飞船中的有限的资源，而人类生产和消费活动产生的废弃物终将使"飞船"彻底污染，进而提出以"资源—产品—再生资源"闭合式循环经济替代"资源—产品—废弃物"单程式线性经济的设想。学术界一般认为肯尼斯·鲍尔丁的理论思想标志着生态经济学作为一门独立的学科真正形成③。

综上所述，可以发现：一方面，生态经济学扩展了生态学内容，使人们对于生态问题的认识增添了经济分析的视角；另一方面，生态经济学使经济科学突破传统狭隘的不考虑生态环境基础的局限性，在更为现实和客观的基础上得以发展，更好地阐释各种社会现象和人类行为④。

2.2.2　生态经济学的发展与创新

自肯尼斯·鲍尔丁之后，一大批生态经济学研究成果相继问世，生态经济学不断发展壮大，标志着人类生态文明时代的到来。一门学科的发展很大程度上体现在其研究方法和工具的持续改进，生态经济学也是如此。1968 年，著名的罗马俱乐部开始利用数学模型和系统分析方法研究"人类困境"问题，同时，哈丁（G. Hardin, 1968）在《公用地的悲剧》一文中系统阐释了公共利益受损的生成机理。哈丁设想古老的英国村庄有一片牧民可以自由放牧的公共用地，每个牧民直接利益的大小取决于其放牧

---

① 李周：《环境与生态经济学研究的进展》，载于《浙江社会科学》2002 年第 1 期，第 29 页。

② 严茂超：《生态经济学新论：理论、方法与应用》，中国经济出版社 2001 年版，第 9 页。

③ 也有一些人认为 Mekenzie（麦肯齐）的思想标志生态经济学的形成。

④ 石田：《向着主流科学前进——生态经济学在中国的发展》，载于《中南财经大学学报》1999 年第 6 期，第 38 页。

的牲畜数量，一旦牧民的放牧数超过草地的承受能力，过度放牧就会导致草地逐渐耗尽，而牲畜因不能得到足够的食物就只能挤少量的奶，倘若更多的牲畜加入到拥挤的草地上，结果便是草地毁坏，牧民无法从放牧中得到更高的收益，这时公用地悲剧便发生了①。后来"公地悲剧"被引申出"救生艇伦理"：救生艇的载重有限，只有让一些人淹死，才能让其他人获救，如何做出两者都能同意的选择？在救生艇内，技术继续进步，消费模式没有发生巨大变化，环境条件也基本保持稳定。在救生艇边的绝大多数人都饱受贫困之苦。另外，福雷斯特（J. W. Forrester，1971）提出动态平衡发展理论，主张必须有目的地在全世界范围内，或在某些国家范围内，暂时停止物质资料的生产和人口增长，以保持一种动态平衡的经济。1972 年，以美国生态经济学家梅多斯（D. H. Meadows）为代表的 17 人研究小组发表了罗马俱乐部第一份全球问题研究报告——《增长的极限》，这一报告选择人口、工业化、粮食生产、自然资源和污染作为决定人类命运的 5 个参数，基于资源有限性原理建立模型，并得出主要结论："如果在世界人口、工业化、污染、粮食生产和资源消耗方面，现在的趋势继续下去，这个行星上增长的极限有朝一日将在今后 100 年中发生。最可能的结果将是，人口和工业生产力双方有相当突然的和不可控制的衰退。"②其核心思想主张人类社会要想避免这种衰退就必须自觉抑制增长，从经典的经济增长转向"全球均衡"，否则，随之而来的将是人类社会的崩溃，这一理论也被称为"零增长"理论。笔者认为，这一思想的渊源可以追溯到约翰. 穆勒关于"静态经济"的观点。同年，英国生态学家爱德华·哥尔德史密斯指出：现行的工业方式是不能持续的，只有通过政治和经济的改变，灾难才可以避免。尽管以上这些结论均显得有些悲观，但对于后来经济、社会、自然协同发展理论的形成与发展起到了极大的促进作用。1972 年 6 月 5 日第一次联合国人类环境会议在瑞典斯德哥尔摩召开，由美国经济学家芭芭拉·沃德、生物学家勒内. 杜博斯合著的《只有一个地球——对一个小小行星的关怀和维护》一书受到与会者广泛关注，成为当时生态经济学领域最有开创性的文献之一。之后，舒马赫（E. F. Schumacher，1973）提出小型化经济发展理论，认为大规模生产是由

---

① Garrett Hardin. The Tragedy of the Commons [J]. Science，1968，(11)：1244.
② 丹尼斯·梅多斯：《增长的极限》，四川人民出版社 1984 年版，第 1 页。

于现代科学技术的发展而引起的，它促进了消费需求的不断增长，从而造成不可再生资源的严重短缺，同时还加剧了人和自然的矛盾。美国著名思想家、生态经济学家莱斯特·布朗（Lester. R. Brown，1974）针对世界环境问题出版了一系列《环境警示丛书》，掀起了全球环境运动的高潮①。20 世纪 80 年代，生态经济学作为一门新兴科学开始备受世人瞩目。爱迪·布朗·维斯（Edith Brown Weiss，1984）首次提出代际公平理论，认为只有前辈、当代和后代之间保持公平，才能确保每代人至少拥有如同其祖辈水准的地球资源；如果当代人传给后代人不太清洁而健康的地球，那就违背了代际公平。1987 年，世界环境与发展委员会在《我们共同的未来》中进一步将可持续发展定义为"既满足当代人的需求又不危及后代满足其需求的发展"，这个概念的核心价值观旨在将代内公平和代际公平视为人类发展的共同目标与共同准则。

值得注意的是，20 世纪 60 年代末至今，大量生态经济学家就试图根据能量系统理论利用能量单位诠释自然环境资源系统与社会经济系统间的本质关系，其中影响最大最具说服力的成果当数美国著名生态经济学家霍华德·汤姆·奥德姆（Odum H. T.）的能值理论及能值分析方法。70 年代末至 80 年代初，霍华德·汤姆·奥德姆在其著作《人与自然的能量基础》（1976）、《系统生态学》（1983）中提出能量系统、能质、能质链、能量转换率及信息量等一系列新概念和开拓性的重要理论观点，从而第一次将能流、信息流与经济流的内在关系联系在一起。经过长期研究，综合系统生态、能量生态和生态经济原理，霍华德·汤姆·奥德姆（1987）首次阐述了"能值"理论以及太阳能值转换率等一系列概念，论述了能值与能质、能量等级、信息、资源财富等的关系，继而基于生态系统和经济系统的特征以及热力学定律，霍华德·汤姆·奥德姆（1996）又提出以能量为核心的生态经济系统能值分析方法②。

20 世纪 90 年代以后，可持续发展理论和循环经济理论受到各国生态经济学家、专家、学者的密切关注和重视，并得以快速发展。梅多斯（D. H. Meadows，1992）等在《逾越极限的增长》中再一次对人类经典的

---

① 周立华：《生态经济与生态经济学》，载于《自然杂志》2004 年第 5 期，第 238 页。
② 陆宏芳、沈善瑞、陈洁、蓝盛芳：《生态经济系统的一种整合评价方法：能值理论与评价方法》，载于《生态环境》2005 年第 1 期，第 121～122 页。

经济增长方式提出警示，1992 年 6 月联合国环境与发展大会在巴西里约热内卢召开，大会通过了《里约环境与发展宣言》、《21 世纪议程》等重要文件，这次会议揭开了全球可持续发展的序幕，此后世界各国对可持续发展理论展开了广泛而深入的研究。莱斯特·布朗（2001）在《生态经济——有利于地球的经济构想》一书中提出经济系统是生态系统的一个子系统的观点，这一思想在生态经济学界掀起轩然大波，无疑对经典经济学提出了强有力的挑战。布朗的成果旨在向人们提供转向生态经济的有效途径，标志着以生态经济为主旋律的全球经济运动的开始。[①] 2003 年莱斯特·布朗撰写的《B 模式：拯救地球延续文明》一书问世，这一研究成果尽管带有一定悲观色彩，但对人类社会经济的发展仍有较强的警示作用和积极意义（王梦奎，2004）。

综上所述，可以发现生态经济学理论演进具有三个明晰的阶段：（1）20 世纪 60 年代末～70 年代末生态经济学研究强调生态系统与经济系统的矛盾运动，这一阶段的研究成果大多限于环境警示和生态哲学思想的启蒙；（2）80～90 年代生态经济学研究强调生态系统与经济系统的协调发展，这一阶段，许多生态经济学家试图根据能量系统理论利用能量单位诠释生态系统与经济系统间的本质关系；（3）90 年代至今生态经济学研究则进一步转向可持续发展战略与模式，研究的视角也逐步由局部向全局扩展，由区域向全球扩展。

2.2.3　中国生态经济学及其理论研究发展

中国生态经济学的产生始于 1980 年，经过 30 多年的发展，其学科体系逐步完善，理论发展日趋成熟。关于中国生态经济学理论发展阶段和研究路径的认识，国内学者没有形成非常一致的观点，大致可以将其划分为以下三个阶段：

（1）20 世纪 80 年代初～80 年代中期：生态经济学的启蒙与探索。1980 年已故的经济学家许涤新先生首先提出："要研究我国生态经济问题，逐步建立我国生态经济学"的建议，从而拉开了我国生态经济学研究序幕，并引起学术界广泛交流与讨论。马传栋（1982～1984）先后在

---

① 周立华：《生态经济与生态经济学》，载于《自然杂志》2004 年第 5 期，第 238 页。

其成果《论生态经济学在经济学中的地位》、《论生态经济学的研究对象和内容》和《论农业生态经济学的几个基本理论问题》中，对生态经济学理论体系的建立提出了一系列富于独创性的观点，对我国生态经济学理论思想的启蒙做出了巨大的贡献。马世骏（1984）创造性地提出了"社会—经济—自然复合生态系统（SENCE）"概念，开拓性地把生态学研究的视角深入到以人类为主体的复合生态系统①。姜学民等（1985）提出了中国生态经济学的理论框架，并把生态经济学划分为理论生态经济学、部门生态经济学、专业生态经济学、地域生态经济学等分支。其后，许涤新先生在《生态经济学的探索》一书中对生态经济学的研究对象、性质、任务、基本原理和实际应用等问题都做了充分的论述。这一时期，我国生态经济学研究大都以生态环境预警研究为基础，以揭示我国生态经济问题的严重性、维护生态平衡为切入点，其研究核心是发展经济必须遵循经济规律和生态规律（滕藤，2000）。

（2）20世纪80年代中后期至90年代中期：生态经济学学科体系的形成与理论发展。这一时期，我国生态经济学的研究开始由启蒙、探索转向学科体系的建立，不少理论生态经济学、部门生态经济学、专业生态经济学著作应运而生。1986年由马传栋先生撰写的《生态经济学》出版，这是我国第一本比较全面系统的研究生态经济学的著作。1987年由许涤新先生主编的《生态经济学》教材出版，标志着生态经济学科逐步被纳入高等教育体系。1989年、1995年出版的马传栋先生的著作《城市生态经济学》和《资源生态经济学》在学术界产生了强烈反响，分别填补了我国国内城市、资源生态经济研究的空白。1993年姜学民、徐志辉编著的《生态经济学通论》和山西生态经济学会主编的《生态经济学研究丛书》问世。另外，80年代中后期至90年代中期产生了大量优秀的生态经济学论文，譬如马传栋先生在《经济研究》发表的《论城市生态与经济的协调发展》、《论生态工业》等。这一阶段我国的生态经济学研究成果大都以透析我国生态环境问题与经济发展之间的关系为切入点，其理论核心在于强调生态系统与经济系统的协调发展。

（3）20世纪90年代中后期至今：生态经济学研究的创新与融合。1994年3月，我国发布了《中国21世纪人口、环境与发展》白皮书，此

---

① 张路：《循环经济的生态学基础》，载于《东岳论丛》2005年第3期，第92页。

后，我国生态经济学研究开始与国际生态经济学接轨，主要表现在应用西方生态经济价值理论尝试开展定量研究等方面，就研究内容而言，主要表现为与可持续发展经济学理论的融合。加入 WTO 前后，出现了大量可持续发展研究成果，譬如《走向 21 世纪的生态经济管理》（王松霈，1997）、《资源持续利用和经济持续发展》（曲福田，2000）、《中国生态经济理论与实践》（黄正夫、吴国琛，2001）、《绿色经济论——经济发展理论变革与中国经济再造》（刘思华，2001）、《可持续发展经济学》（马传栋，2002）、《经济可持续发展论》（杨文进，2002）、《经济可持续发展的科技创新》（沈满红，2002）、《企业经济可持续发展论》（刘思华，2002）、《可持续农业发展论》（林卿，2002）、《经济可持续发展的制度创新》（刘传江等，2002）、《经济可持续发展的生态创新》（严立冬，2002）、《可持续城市经济发展论》（马传栋等，2002）、《生态工业：原理与应用》（金涌、李有润，2003），等等。2003 年以后，又涌现出大量以低碳经济为视野的学术成果[①]。这一系列成果拓展了生态经济学的研究范畴和视域。

综上所述，生态经济学研究作为一门新兴学科已经取得了很多成就，但学科体系、理论基础、研究方法还不够成熟，目前尚存如下不足：以可持续发展为核心的宏观生态经济发展模式与决策研究有余，以定量化研究为核心的微观生态经济系统价值理论研究不足；农业生态经济学研究较多，工业生态经济学和服务业生态经济学研究非常薄弱；定性分析较多，定量分析不足；重视整个社会与生态经济复合系统关系及其矛盾运动规律的研究，忽视家庭和个人与生态经济复合系统关系及其矛盾运动规律的研究。

2.3　国际贸易与环境问题的经济学逻辑

从可以考证的社会历史变迁过程来看，人类行为与自然生态环境的矛盾和冲突从未像今天这样激烈。特别是，随着经济全球化与贸易自由化纵深发展，全球分工体系逐步形成，世界各国社会经济的发展日益受到环境

---

① 此部分成果综述可参见本书第 6 章关于低碳经济的文献述评。

承载量的约束，对环境规制的需求不断增加。夸张一点说，如果市场价格体系不能真实体现生态价值与环境成本，主流经济学大厦的根基将会逐步动摇乃至坍塌。从而，主流经济学越来越重视环境与自然资源的重要性，大量环境经济学家正努力改进传统经济学架构，以不断增强主流经济学对环境问题的解释能力。

2.3.1 国际贸易与环境问题溯源

国际贸易与环境问题的理论渊源可以追溯到古典经济学关于经济增长与环境容量关系的探索，尽管托马斯·罗伯特·马尔萨斯（1798）的"资源绝对稀缺论"、大卫·李嘉图（1817）的"资源相对稀缺论"、约翰·斯图亚特·穆勒（1871）的"静态经济"思想均蕴含着朴素的环境经济意识，但是，这些研究没有直接触及国际贸易与环境问题。客观地说，国际贸易与环境问题的经济学逻辑起点在于"外部性"问题，因此，学术界一般认为主流经济学对环境问题的关注始于新古典经济学先驱阿尔弗雷德·马歇尔（Alfred Marshall，1890）对外部性、外部经济、内部经济等概念和范畴的发现与阐释。新古典经济学关于"外部性"的研究总体上呈现两条演进路径：一条是以福利经济学代表阿瑟·塞西尔·庇古（Arthur Cecil Pigou，1920）的外部性理论为基点，另一条是以富兰克·奈特（Frank Hyneman Knight，1924）、埃利斯和费尔纳（Ellis and Fellner，1943）、罗纳德·科斯（Ronald H. Coase，1960）、张五常（1970）等制度经济学家的产权理论或合约理论为基点。

阿瑟·塞西尔·庇古（1920）的外部性理论颇具突破性，他基于阿尔弗雷德·马歇尔的研究提出了"内部不经济"和"外部不经济"的概念，应用边际分析方法深入分析了"外部性"，结论认为，完全依靠市场机制无法实现资源配置帕累托最优，坚持应由外部性的引发者承担（获取）因外部性导致的外部成本（收益），即主张政府对边际社会收益大于边际私人收益的行为主体进行补贴，对边际社会成本大于边际私人成本的行为主体征税，补贴或税收等于外部性造成的收益或损害，从而外部性得以矫正，这就是著名的"庇古税原理"，他的研究为通过政府干预实现帕累托均衡提供了坚实的理论依据。不过，富兰克·奈特（1924）对庇古的思想进行了反驳，指出只要充分界定稀缺资源的产权即可克服"外部不经济"。此后，埃利斯和费尔纳（Ellis and Fellner，1943）等人的研究则将富兰克·奈特的思想逐步导入到对环境问题的研究。20 世纪中期以后，环境污染等一系列社会公害客观上促使主流经济学家对经典经济增长方式进行了全面而深刻的反思。西蒙·库兹涅茨（Simon Kuznets，1955）提出了著名的"库兹涅茨假说"，认为人均 GNP 与基尼系数之间的关系呈"倒 U 型"变化，通常被称为库兹涅茨倒 U 型曲线。罗纳德·科斯（1960）基于"交易成本"范畴提出了著名的"科斯定理"，主张通过初始产权的分配与交易重组来解决外部性问题，科斯的研究显然否定了庇古关于外部性问题的补偿原则，为人们研究和解决外部性问题提供了与庇古迥然不同的思路和空间。张五常（1970）的研究则进一步对传统的"外部性"理论进行了批评，主张用"合约理论"代替"外部性"理论。威廉·鲍莫尔（William J. Baumol）和奥特斯（Oates，1988）则基于可竞争市场理论对"外部性"进行了比较全面的阐释。

2.3.2　环境污染的负外部性

若以 MPR、MPC、MEC、MPNB、MSC 分别表示边际私人收益、边际私人成本、边际外部成本、边际私人净收益、边际社会成本。依据庇古税原理，在市场均衡条件下：MPC + MSC = MPR，移项可得：MSC = MPR − MPC = MPNB，即边际社会成本等于边际私人净收益。科斯定理关于产权初始界定与重组的实质就在于边际私人净收益如何权衡。由此可见，尽管福利经济学与制度经济学关于外部性的解决思路存在明显分歧，但二者尚存一致之处，即其实质都主张通过外部成本或社会成本内部化来纠正外部性。但环境经济学认为，由环境外部性导致的污染，有时并不一定必须去矫正，因为物理性污染的存在不一定意味着经济性的污染就一定存在，即使存在经济性污染，也不一定要完全消除它，因此，外部性存在最优问题①。在完全竞争的情况下，MPNB = MEC，由于 MPNB = P − MPC，则 P − MPC = MEC，移项得：P = MPC + MEC，同时因为 MPC + MEC = MSC，则 P = MSC，这是环境资源配置实现帕累托最优的基本条件。也就是说，当边际私人净收益等于边际外部成本时，厂商处于最优污染水平，社会净

---

① 兰天：《贸易与跨国界环境污染》，经济管理出版社 2004 年版，第 46 ~ 47 页。

收益最大化，外部负效应得以消除。但事实上，由于外部性的存在，为了追求私人净收益最大化，厂商一般倾向于扩大污染性（可避免或不可避免）经济活动规模，社会净收益处于非最优水平，环境资源配置处于非帕累托最优状态。

2.3.3　基于环境要素的 H-O 理论修正与争鸣

H-O 理论强调了要素禀赋的相对差异形成了国家比较优势的不同，并以此解释国际贸易产生的原因，这一理论为我们将环境要素引入国际贸易的研究提供了良好的基础框架。斯尔伯特（Siebert，1990）创造性地将环境要素纳入到 H-O 理论的分析框架，根据其理论思想，一般地，在自由贸易条件下，假定只有两个国家 A 和 B，A 国环境要素丰富，B 国环境要素稀缺，P_1 和 P_2 分别表示 A 国和 B 国环境要素的影子价格[①]，则 $P_1 <$ P_2，A 国使用环境要素生产产品的成本比 B 国更低，从而 A 国将倾向于生产和出口环境要素密集型产品，而 B 国将倾向于生产和出口非环境要素密集型产品。然而，在现实世界中，完全的自由贸易政策不总是经常存在的，各国对外贸易政策的差异会使上述国际贸易格局与市场结构发生改变甚至逆转，如果 A 国政府实行环境保护型的对外贸易政策，对国内生产者征收环境税 t，且 $P_1 + t > P_2$，而 B 国政府实行非环境保护型对外贸易政策，那么这一政策差异将使两国的对外贸易比较优势发生逆转，即 A 国将转向出口非环境要素密集型产品，且环境质量将得以改善，B 国则转向出口环境要素密集型产品，且环境质量趋于恶化。可见，参与国际贸易国家或地区的对外贸易政策的环境导向差异会影响各国贸易条件，最终促使各国对外贸易利得发生显著变化。影子价格通常是指一种资源的影子价格，因此影子价格可以定义为：某种资源处于最佳分配状态时，其边际产出价值就是这种资源的影子价格。

任何经济学理论模型一般都存在严格的前提假设，H-O 模型也不例外，在其假设条件中有三个对经济与环境问题研究的影响最为关键：一是各国间生产技术相同；二是所有的生产要素在国际间不能自由流动；三是在生产和消费商品的过程中不存在污染外部性。然而，在经济全球化背景

---

① 此影子价格是指环境要素处于最佳配置状态时的边际产出价值。

下，这三个理论假设与现实经济世界的背离越来越显著。在现实世界中，各个国家、地区、企业间在产品生产或服务提供上存在明显的技术差异；资本和劳动力等要素都具有一定程度的流动性；环境问题具有不可回避的外部性。

基于这种困境，自 20 世纪 60 年代以来，波斯纳（Posner, 1961）、弗农（Vernon, 1966）、劳希尔（Rauscher, 1997）、迈科尔·波特（Michael Porter, 1997）、科普兰（Copland, 1997）、泰勒尔（Taylor, 1999）等基于生态环境因素对标准的 H－O 理论进行了广泛争鸣与修正。综观这些研究成果，我们可以发现如果改变 H－O 理论的上述三个假设前提，从现实经济条件入手，将环境要素纳入到前文斯尔伯特（Siebert, 1990）的分析框架，充分考虑技术进步、资本和劳动力等要素的可流动性，一个生态环境要素稀缺的国家或地区也可能具备生产环境密集型产品的比较优势；另外，在贸易与环境的讨论中，把污染看成生产外部性往往会有助于问题研究的展开，因为污染对生产效率的影响具有长期性，并最终涉及污染对产业竞争力和一国经济可持续力的影响[①]。

2.4　国际贸易与环境问题研究进展与趋势

国际贸易把一国的需求和供给与全球市场紧密联系起来，从而对环境产生着深刻影响。20 世纪 90 年代以来，经济学界围绕国际贸易的环境效应、环境规制的贸易效应、跨国界环境污染、多边贸易体制下的贸易与环境问题等进行了深入探索和研究。

2.4.1　国际贸易的环境效应

2.4.1.1　贸易自由化对环境的影响

如何把环境要素纳入到主流国际贸易理论的研究框架并试图阐释国际贸易现实问题是一种大胆而富于创见的尝试。20 世纪 90 年代以后，国际

---

① 兰天：《贸易与跨国界环境污染》，经济管理出版社 2004 年版，第 34～35 页。

贸易的环境效应问题开始进入主流经济学的研究视野，具有开创性的成果是桑福德·格罗斯曼（Sanford J. Grossman，1990）对贸易、经济与环境的相关关系的研究，他首次基于库兹涅茨假说（Simon Kuznets，1955）提出"环境库兹涅茨曲线"，发现环境质量同经济增长呈倒 U 型曲线关系。继而格罗斯曼、克鲁格（1991，1993）使用贸易—环境一般均衡模型将北美自由贸易区协议（NAFTA）对环境的影响分解为规模效应、结构效应和技术效应三个方面，从而奠定了主流经济学关于国际贸易的环境效应理论研究的基本范式和框架。沿袭格罗斯曼和克鲁格的逻辑思路，史蒂文斯（Stevens，1993）将贸易环境效应归结为产品、规模和结构三个方面。朗格（Runge，1993）则从资源配置效率、经济活动规模、产出结构、生产技术以及环境政策五个方面解读了贸易自由化的环境效应；朗格认为国际贸易改变了国际分工模式、扩大了经济活动规模，但经济规模扩大对环境造成的负面影响会在一定程度上被产出结构、技术和环境政策的共同作用所抵消。科普兰和泰勒尔（1994）利用南北贸易模型对国际贸易的环境效应进行了比较深入的理论分析，结论认为：如果环境污染是局部的，政府通过征收环境税来控制污染，北方（发达国家）税率高于南方（发展中国家）税率，其结果是贸易自由化减轻了发达国家的环境污染，加剧了发展中国家的环境污染。1995 年科普兰和泰勒尔又对南北贸易模型进行了修正与扩展，假设污染是全球性的，南、北方国家都采用可交易的污染物排放许可证实施环境控制，然而结论发生了变化：如果发达国家削减的许可证额度与发展中国家增加的许可证额度不相等，贸易自由化的总体污染水平将会扩大。换句话说，科普兰和泰勒尔的南北贸易模型实质是假定发达国家的环境标准高于发展中国家的环境标准，一国比较优势来源于环境标准的差异，其结果贸易自由化使发达国家环境得以改善，使发展中国家环境污染加剧，而且加剧的程度要超过改善的程度，因此，国际贸易总体上会对环境产生负面影响。1991 年，杜阿（Dua）、阿斯堤（Esty）、葛瑞丁（Geradin）等人则指出，全球贸易自由化会导致各国会纷纷降低各自的环境质量标准以维持或增强竞争力，出现所谓"向环境标准底线赛跑"和"贸易漏出"的现象[②]。巴莱特（Barret，1994）还指出了，当环境政策规定的环境边际损害很低时，生态倾销也会出现。然而，也有许多不同的观点，譬如玛尼和维勒（Mani and Wheeler，1997）研究表明"污染避难所"可能存在，但只是一种短暂现象。安特卫勒（Antweiler，

1998）等人选用 44 个国家 1971～1996 年的数据对国际贸易的环境效应进行了分析，研究结果表明，技术正效应超过规模负效应，但总体结构效应具有不确定性：一方面，结构效应使资本充裕国家的产出更具污染性，这意味着传统的生产要素禀赋对比较优势的影响仍然非常重要；另一方面，最贫穷国家平均产出的污染程度也增加了，这意味着宽松的环境政策与制度会引致污染密集型产业从中等收入水平国家转移到更富或者更穷的国家。科尔（Cole，1998）等人的实证研究发现亚洲发展中国家因收入增加导致的技术效应还没有充分显现，国际贸易的规模负效应超过了结构正效应。斯图亚特和安德森（Strutt and Anderson，1999）则对印度尼西亚贸易自由化的环境影响进行了预测分析，其结论是印度尼西亚的对外贸易改革将有利于改善环境，贸易自由化将极大地增进社会福利。潘纳约托（Panayotou，2000）则将贸易的环境效应归纳为六种，即规模效应、结构效应、技术效应、收入效应、产出效应以及政策（法规）效应，其中关于收入效应的分析补充与完善了规模效应分析。赫勒（Heeler，2001）研究认为巴西、中国、墨西哥等发展中国家环境质量的"底线"会随着经济增长而上升。约瑟夫·柴（Joseph C. H. Chai，2002）对中国的研究表明，如果中国想阻止污染进入一个关键性门槛，中国的环境规则必须更加严格。科普兰和泰勒尔（2003）研究结论表明"向环境标准底线赛跑"假说尚并不一定成立。

国外这些研究绝大多数基于发达国家的视角，对解释发展中国家的对外贸易与环境问题存在一定局限性，但对我们分析研究这一问题在理论框架上无疑提供了较好的参考作用与借鉴意义。

2.4.1.2　中国对外贸易的环境效应

近几年来，我国国内学者沿袭西方学者的基本逻辑，结合中国实际情况，就中国对外贸易的环境效应进行了大量研究，虽然在研究广度和深度、研究范式和技术路径方面与国外相比均存在一定差距，但仍然可以发现不少理论探索颇具成效和代表性。譬如，谷祖莎（2005）主张一方面贸易自由化分别通过经济规模、产业结构和技术进步等途径对一国环境产生影响；另一方面环境要素通过改变比较优势会影响两国贸易结构。王珏（2005）认为我国存在一些内生性的制度障碍，主张政府应在国际贸易环境政策的调节和修正上，采取有利于国内产业增长、提高国内企业竞争能力、提高国内居民收入的政府干预政策。余北迪（2005）的研究表明，国际贸易对中国生态环境的负的规模效应大大超过了正的结构效应和技术效应，因此总效应为负，从而强调必须在享受国际贸易利得的同时消除其对生态环境的不利影响。陈继勇、刘威、胡艺（2005）认为中国人均收入水平处于倒 U 型环境库兹涅茨曲线的左侧，中国的生态环境污染仍将会随收入水平的提高而加剧；贸易开放度以及对生产技术和环境治理的资本投入对环境污染有显著的负影响。叶继革、余道先（2007）的研究显示，我国具有出口优势的工业行业多属于污染密集性行业，日渐扩张的对外贸易对环境的危害越来越大，提出要健全微观运行机制，避免出口行业向环境底线赛跑。罗堃（2007）的实证研究表明：进口污染密集型产品可获得正向结构效应，但需承受负向技术效应，出口的情况则正好相反；从效应的量值角度考量，进口的正向净效应远大于出口，因此，主张我国对污染密集型工业品出口贸易采取较为谨慎的发展策略。党玉婷、万能（2007）运用格罗斯曼和克鲁格的分析方法，借鉴 Chai（2002）的计算方法，对中国 1994～2003 年期间对外贸易的环境效应进行了研究，结果表明，对外贸易并不一定会导致我国专业生产污染密集型产品，相反，对外贸易会促使中国将资源从资本、土地、能源密集型产业转移到相对清洁的产业；我国对外贸易对环境影响的技术效应和结构效应为正，但由于存在较大的负规模效应，故总环境效应仍为负。朱启荣（2007）对我国出口与环境污染、环境规制之间的关系进行了实证考察，结论显示，我国出口规模与工业排放量呈正相关，但东部出口额对工业污染物排放量的弹性明显低于中部和西部地区。刘林奇（2009）从规模、结构、技术、市场效率和环境政策五个方面对我国对外贸易的环境效应进行了实证分析，发现规模效应和结构效应加剧了我国环境污染，技术效应和市场效率效应则减轻了我国环境污染，但环境政策效应在减轻东部环境污染的同时却加剧了中、西部环境污染。刘婧（2009）利用 ARIMA 模型对加工贸易的环境效应进行了比较研究，结果显示，加工贸易对环境的负效应比一般贸易更大。牛海霞、罗希晨（2009）研究发现，我国经济增长、加工贸易与环境污染存在长期的正向协整关系，经济增长与加工贸易是环境污染的主要根源。何正霞、许士春（2009）则从 FDI、出口两个方面研究我国经济开放对环境的影响，结论认为，外商直接投资流入有利于环境改善，而出口则在一定程度上恶化了环境，FDI 和出口的共同作用有利于环境质量改善。陈红蕾、陈秋峰（2009）的实证研究显示，目前，我国尚处于倒 U 型曲线的左半段，经济增长可能导致环境质量进一步下降，但其根源主要归因于我国产业结构变化，而不在于贸易自由化。刘培、朱勇文（2009）运用广义脉冲响应函数法与方差分解技术，考察了环境污染与出口的长期动态响应特征。徐慧（2010）运用投入产出方法考察了中国进出口贸易的环境成本转移，结论表明，出口所引致的环境成本转移略低于进口，但若考虑投入产出技术差异，中国作为消费者并没有给世界带来更多污染，但作为生产者却承担了更大环境成本。李怀政（2010）基于中国主要外向型工业行业对中国出口贸易的环境效应进行了实证分析，结论表明出口贸易增长促进了出口结构优化与技术进步，从而对环境产生了显著的正效应，而巨大的规模负效应掩盖了出口结构优化、技术进步对环境影响的正效应，进而导致出口贸易对环境影响的总体负效应。

2.4.2　多边贸易体制下的贸易与环境问题

2.4.2.1　贸易与环境的冲突

曾凡银、冯宗宪（2000）基于贸易与环境、环境标准与国际竞争力的理论分析，把贸易自由化对发展中国家环境的不利影响归因为外部不平等的国际经济体系和内部不合理的经济体制和制度安排，主张作为发展中国家，应根据自己的实际情况，通过创新环境产权、环境管理制度，协调环境规则和贸易规则等措施来解决对外贸易和环境的冲突。谢卓然、宗刚（2003）则从社会经济剩余的角度对环境成本内部化进行了分析，认为我国应努力寻求促进可持续发展的对外贸易发展速度和规模，依靠技术进步和强化管理努力控制并减少对外开放对生态环境的负外部性，从而提高出口竞争力。黄蕙萍、王毅成（2000），傅京燕、陈红蕾（2002），曹絜（2003），谷祖莎（2004），赵黎（2006）等人均主张通过国际贸易环境成本内部化的措施解决贸易与环境的冲突。喻永红（2004）认为国际贸易和环境保护冲突的实质是发达国家与发展中国家之间不同利益的冲突、不同规则的冲突，从而主张寻求行之有效的法律协调途径，谋求全球经济和环境保护的可持续发展。黄李焰、陈少平（2005）则把造成发展中国家贸易与环境冲突的主要原因归结为发展中国家对发展经济的强烈需要，发达国家长期推行环境殖民主义和"绿色壁垒"的兴起，认为可供选择的方法主要是加大对人力资源的整合与投入、积极参与国际贸易规则的谈判和制定等。沈亚芳、应瑞瑶（2005）认为在核算国际贸易比较优势时未考虑环境成本是导致污染的重要原因，进而提出发展出口导向产业时必须使环境成本内部化，适当提高进出口产品的环境标准，推进产业升级，倡导绿色 GDP，改革出口绩效的考核标准。吴汉嵩（2005）认为国际贸易中环境问题的南北冲突源于国际贸易理论的缺陷和南北国家的比较优势不同，解决和协调环境问题的途径在于环境成本内在化和加强国际经济贸易合作。

2.4.2.2　WTO 贸易规则与环境保护

任建兰、吴军（2001）认为 WTO 基本贸易规则和环境保护的冲突源于两方面：一是多边贸易制度中以环境为目标的贸易措施与国际贸易规则的冲突；二是多边环境协议中的贸易条款与国际贸易规则的冲突。李泊溪（2002）主张从全球化的视角剖析国际贸易与环境的冲突和融合趋势。高静、张伟星（2003）提出建立贸易与环境可持续发展的合理机制，成立一个多边的世界环境组织（WEO），为在环境领域进行国际合作、协调各国环境政策、促进环境成本进一步内部化、全面解决环境问题提供组织基础。刘勇（2003）则对 WTO 规则与多边环境条约（MEAs）之间的冲突进行了研究，主张应以"微调法"解决冲突。那力、孙璐（2003）认为发展中国家应当充分改善自身的环境水准、发扬自身的资源优势，当务之急是如何建立健全 WTO 现有的环境规则、争端解决机制以及其他有关法律规范，使 WTO 能够在环境问题上真正构建起一套新的、公平的国际规则和制度体系。张荣芳（2004）则强调 WTO 各协定中贸易与环境问题的规定是贸易与环境法律冲突的渊源，WTO 成员方必须以生态学、环境伦理和环境文化的全新认识为基础，以确保发展中国家特别是最不发达国家的贸易增长和发展为目标，发挥贸易与环境委员会的职能，达成贸易与环境专门协定。孙法柏（2005）把环境保护与 WTO 自由贸易规则的冲突归纳为环境保护与最惠国待遇、国民待遇、关税约束义务、禁止数量限制等非歧视原则的冲突，认为平衡发展中国家和发达国家的不同利益，并在 WTO 框架内努力化解矛盾并消解冲突，有利于世界经济的可持续发展。

2.4.3 环境规制的贸易效应

自 20 世纪 70 年代西方环境运动以来，国际学术界就逐渐涌现出大量旨在解读环境规制是否影响以及如何影响经济效率和技术创新的研究，随着气候变化以及与贸易有关的环境问题的加剧，90 年代以后这一论题的研究视域迅速拓展到试图检验环境规制如何影响对外贸易，但迄今相关理论分析和实证研究尚未对此形成普遍认同的结论。尽管经济学家们的研究表明，环境规制对贸易的影响程度与影响方向不尽一致，但有一点是确定无疑的，即环境规制确实对对外贸易发展与扩张产生着重要影响与作用。客观地说，主流研究主要立足于波特假说（Porter hypothesis）[1]、污染"天堂"假说（Hypothesis of Pollution haven）[2] 和向环境底线"赛跑"假说（Hypothesis of race to the bottom of environment）[3]，而且聚焦于环境规制如何影响产业区位布局、经济效率、技术创新、FDI 的理论阐释与实证检验，研究成果也极其厚实。相对而言，学术界对于环境规制的出口效应给予的关注尚需更进一步深入，笔者努力梳理相关国内外文献，大体可见三条颇具参考价值和借鉴意义的研究脉络。

第一，环境规制引致环境成本内部化，进而抑制出口贸易扩张。国际上，皮尔森（Pething，1976）、斯尔伯特（Siebert，1977）、麦圭尔（McGuier，1982）、帕尔墨（Palmer，1995）等早期研究认为，如果一个

---

① 此假说最早由 Michael E. Porter（1991）提出，其理论内核在于：以市场为基础的有效环境规制将会刺激企业技术创新，且创新收益可以弥补甚至超过环境成本内部化所增加的生产成本，进而提升国际竞争优势。Nishijima（1993）、Jaffe（1995）、Linder（1995）、Van Beers（1997）、Copeland（2000）、Mohr（2002）、Ambec and Barla（2002）等学者的研究支持这一假说。

② 这一假说也称为"产业漂移假说"，最早由 Walter and Ugelow（1979）提出，其核心观点认为，如果环境规制程度不同的国家间开展自由贸易，环境成本内部化的差异会促使环境规制比较宽松的国家逐步成为污染密集型产业的"天堂"或"避难所"。Baumol and Oates（1988）、Dean July（1992）、Low and Yeats（1992）、Valentini（1999）、Markusen（1999）等学者的成果在一定程度上证实了这一假说。

③ 此假说也称"环境竞次假说"，就笔者所见文献来看，较早出现于 Hudec and Anderson（1992）的研究，主要阐释一种可能出现的恶性现象，即各国为了维持或提升竞争优势从而纷纷降低环境标准，施行更加宽松的环境规制，其结果会导致各国向环境底线恶性竞逐。后来，Markusen（1995）、Dua and Esty（1997）、Main and Wheeler（1999）、Kolstad and Xing（2002）等进一步解读了这一理论。

国家强化环境规制会引致企业生产成本上升；比尔斯（Van Beers）等（1997）则基于引力模型分析了环境规制对出口贸易的影响，实证结果表明，严厉的环境政策将对出口产生显著负效应；穆拉图与阿拜（Mulatu and Abay，2004）的研究基本也支持上述观点，认为严格的环境规制会削弱出口竞争力，尤其对于污染密集型企业。在国内，杨涛（2004）的实证研究与王勇（2007）的理论分析也显示严格环境规制会减少污染密集型产品出口。同时，也有不少学者从不同视角阐释了环境规制对中国出口贸易的具体影响，譬如，朱启荣（2007）的实证结论表明，中国各地区环境规制与出口贸易额负相关性显著；尹显萍（2008）研究显示，欧盟严格的环境规制政策使中国污染密集型产品在中欧贸易顺差中扮演了重要角色，从而令中国承担了较高的环境成本；李昭华、蒋冰冰（2009）实证研究显示，欧盟环境规制对我国玩具的壁垒效应十分突出；梁冬寒等（2009）认为环境规制对中国重污染制造业出口仅仅具有微弱抑制作用；周力等（2010）基于面板数据模型的实证分析，则主张环境规制会明显抑制中国成本加成型出口贸易扩张。

第二，环境规制激励环境技术进步与创新，进而促进出口贸易扩张。在国际学术界，保罗·派克（Paul Parker，1990）认为环境规制政策的实施促进了新技术发展、培训与维护，进而可能创造新的贸易机会；波特和林德（Porter and Linde，1991，1995）发现严格的环境管制客观上会激励企业创新，进而提高出口竞争优势，促进贸易扩张；皮克曼（Pickman，2003）基于美国制造业的分析也显示环境规制与技术创新成正比。就国内而言，为数不少的实证研究显然支持上述理论主张，譬如，黄德春和刘志彪（2006）采用 Robert 模型进行了实证分析，结论表明环境规制虽然会导致企业成本上升，但更促进了技术创新；赵红（2008）基于中国 30个省份大中型企业数据的考察显示，在长期，环境规制会激励中国企业的技术创新，从而有利于提高产品国际竞争力；赵玉焕（2009）针对中国纺织产业的研究发现，就长期而言，严厉的环境规制将会导致纺织品出口增加；陆旸（2009）通过 HOV 模型对环境规制的出口效应进行了经验分析，进而主张适度提高环境规制水平有利于钢铁等污染密集型商品出口增长；于同申、张成（2010）基于误差修正模型的分析显示，无论长期还是短期环境规制对于经济增长均具有正向推动作用；赵红、宦晓影（2010）认为环境规制有助于促进技术创新，最终会对出口贸易产生积极影响。

第三，环境规制与对外贸易相关性并不显著。在国内外学术文献中，尚不难发现，些许与前文两种论点相异的研究，譬如，辛普森和布拉德福德（Simpson and Bradford，1996）认为"环境规制诱发竞争优势"缺乏充分的理论依据，环境规制的贸易效应取决于被规制行业的具体特征；马克·哈里斯（Mark N. Harris，2002）研究表明，环境规制严厉与否与对外贸易之间未必存在统计意义上的逻辑关系；拉尔森（Bruca A. Larson，2002）基于案例分析的研究显示环境规制的出口贸易效应取决于各种具体条件，不能轻易判定；巴斯和马蒂亚斯（Busse and Matthias，2004）基于钢铁行业的实证研究发现，环境规制的严厉程度与出口贸易仅存在微弱关联，污染"天堂"假说并未得以证实。另外，赵细康（2003），肖红、郭丽娟（2006），傅京燕（2006）等关于环境规制与产业国际竞争力的研究也在一定程度上支持第三种论点。尹显萍、王梦婷（2009）的研究则认为，尽管发达国家严格的环境规制相对增强了发展中国家高度污染密集型产品出口比较优势，但对中度、轻度污染产业的影响则因产业而不同。

2.4.4　国际贸易与气候变化研究[①]

国际贸易与气候变化研究可以追溯到 20 世纪 60～70 年代经济学家们关于经济增长对环境的影响研究，随着贸易自由化纵深发展与国际气候变化的加剧，国际贸易与碳排放问题受到许多专家、学者的广泛关注。近几年来，聚焦于这一视野的研究主要集中在以下三个方面。

2.4.4.1　低碳发展的必要性、现代意义、途径与对策

国际上，不少学者侧重运用实证分析结合相关案例对发展低碳经济的必要性、发展前景、发展途径进行了研究，譬如，安德烈·沃兹沃斯和迈克尔·格拉布（Andrew Wordsworth，Michael Grubb，2003）的研究阐释了英国进行低碳投资的鼓励措施，并估计了低碳投资总价值。大卫·奥克威尔、吉姆·沃森、戈登·麦克荣（David G. Ockwell，Jim Watson，Gordon

---

①　严格地说，气候变化不等同于环境污染，因此，从狭义上看，国际贸易与气候变化不属于国际贸易与环境问题，但从广义上看，气候变化也可纳入环境问题范畴。

MacKerron，2008）针对发达国家向发展中国家转移低碳技术的政策及其影响因素进行了案例分析。阿比盖尔·布里斯长、迈尔斯·泰特、艾斯森·皮尔多默、安东尼·梅（Abigail L. Bristow，Miles Tight，Alison Pridmore，Anthony D. May，2008）对实施低碳运输的战略途径及其交通政策进行分析，结论认为巨大的技术进步赶不上严峻的低碳目标，最具前景的途径是用明确的价格信号促进汽车使用量减少，以及发明更有效的交通工具。山姆·纳德（Sam Nader，2009）以马斯代尔城为例，研究了低碳经济的规制措施和相关制度安排，认为政府通过有目标的低碳投资可以创建一个环境友好型的经济体。迈克尔·约翰森、西蒙·罗宾逊（Mikael Johnson，Simon Robinson，2009）在个人层面上分析了低碳社区的再构造问题，为未来低碳社区的设计和研究提供了建设性建议。露西米·德尔密斯、布拉德利·帕里什（Lucie Middlemiss，Bradley D. Parrish，2009）对低碳社区建设中基层群众的首创性进行了分析，结果发现基层群众的作用比官方更大。罗伯特·谢福（Roberto Schaeffer，2009）估测了巴西发展低碳经济的潜力，并提出了相关解决方案，研究结论指出到 2030 年巴西 CO_2 排放量将有望减少 43%。达格玛斯和巴克（A. S. Dagoumas and T. S. Barker，2010）基于能源－经济－环境模型对深度减少 CO_2 排放量的不同途径进行了实证比较，研究发现深度减少 CO_2 排放量与经济增长并不矛盾。

在国内，这方面的研究表现为三个层面：

第一，一些学者结合国际经验对我国实施节能减排的必要性与发展低碳经济的现代意义、未来前景进行了规范研究。庄贵阳（2005）基于英国低碳经济实践，从内部需求和外部驱动两方面论证了中国经济需要走低碳发展道路，并对中国发展低碳经济的可能途径和潜力进行了研究。邢继俊，赵刚（2007）分析了低碳经济在中国的发展现状及相关措施，主张未来中国要在不影响社会经济发展目标的前提下实现低碳发展。谢军安（2008）通过对国际社会发展低碳经济的动向与趋势研究，认为我国需要有积极的战略规划和对策措施促进低排放、低能耗增长，特别是要在政策上、法律上予以支持和保障。付允等（2008）的研究从温室气体减排压力、能源安全和资源环境三个方面分析了中国发展低碳经济的紧迫性，从宏观、中观和微观三个层次论证了低碳经济的发展方向、发展方式和发展方法，即以低碳发展为发展方向，以节能减排为发展方式，以碳中和技术为发展方法，并且提出了节能、化石能源低碳化、设立碳基金、确立国家碳交易机制等具体措施。鲍健强、朱逢佳（2009）通过对英国 2003 年及 2007 年两部能源白皮书的分析，解读了英国在能源方面的政策规划和战略措施，并对能源政策的变化特点和发展趋势作出了解析，认为英国政策重点主要在节约能源、清洁能源、能源安全三个方面。王文军（2009）对低碳经济的技术经济范式进行了思考，认为低碳经济是对循环经济的改进、深化和创新，必须调整产业结构、加大低碳能源研发力度、开展国际合作。任力（2009）对西方发达国家低碳经济发展战略与政策体系进行了研究，强调我国必须尽快提出低碳经济战略，建立低碳经济法律保障体系，加强低碳技术创新与制度创新，大力发展低碳产业群，激励企业从事低碳生产与经营等。宋德勇等（2009）基于发达国家经验对中国发展低碳经济的必要性、紧迫性以及政策工具的缺陷进行了分析，主张我国低碳经济政策工具设计应从主要依靠行政手段转向主要依靠市场机制。任奔、凌芳（2009）归纳了发达国家发展低碳经济的成功经验，包括强制性法规标准、经济激励措施和发展碳交易等政策措施，以及节约能源技术、可再生能源技术和碳捕存技术等方面的技术进步，并就此提出了可行性建议和政策启示。

第二，一些学者基于我国国情侧重从宏观层面探讨了发展低碳经济的必要性与可行性。譬如，胡鞍钢（2008）对中国发展低碳经济的必要性及其理性模式选择进行了研究，认为中国所面临的发展方向就是从高碳经济向低碳经济转变。尤建新（2008）主张发展低碳经济是创新我国社会经济发展模式的重要选择，而自主创新是实现低碳目标的关键动力。庄贵阳（2008，2009）、邓梁春（2008）、储诚山（2009）、任力（2009）、郑立平（2009）等许多专家、学者对国际气候治理背景下我国控制温室气体、节能减排的现状与进展，以及我国面临的机遇和挑战进行了全面分析，结论一致认为发展低碳经济是践行科学发展的重要形式，政府、企业都应适时作出战略调整，加快建立发展低碳经济的长效机制。王利（2009）的研究强调中国应努力完善低碳经济的相关法律与政策，积极应对低碳经济发展的全球挑战。周剑等（2009）认为我国应把低碳发展作为推动能源技术创新、转变经济发展方式、协调经济发展与保护全球气候关系的核心战略选择，实现全球应对气候变化与国内可持续发展的双赢。刘学敏（2009）、朱四海（2009）、莫神星（2009）等对中国低碳经济的发展理念、价值观以及总体思路进行了规范分析，结论认为，走低碳发展之路，突破能源资源与环境制约，健全节能环保、能源安全保障的制度安排对促进国民经济的持续健康发展至关重要。

第三，还有一些学者结合行业因素、地区因素从中观与微观层面分析了我国发展低碳经济的途径与对策。譬如，任卫峰（2008）从环境金融视角，探究了基于低碳经济的环境金融制度创新问题。毛玉如等（2008）基于物质流分析建立了我国推进低碳经济发展的"四位一体"模式，并同口径比较了中国与日本主要物质流指标。戴定一（2008）认为低碳经济需要低碳物流支撑，强调基础数据信息体系的建设对发展低碳物流的重要作用。鲍健强等（2008）从人类经济发展形态演化的视角，阐释了低碳经济对基于化石能源的现代工业文明的影响，以及低碳经济的发展路径。姬振海（2008）以电力、钢铁行业为例分析了河北省碳减排的潜力，并针对清洁发展机制提出了相应对策。张一鹏（2009）主张低碳经济仅有先进技术的支撑是不够的，必须依托于低碳生活才能实现减排的目的；低碳生活将有利于遏制高碳经济蔓延，促进低碳经济发展。陈晓春，张喜辉（2009）从消费层面分析了低碳经济的影响，主张要大力引导低碳消费。陈英姿、李雨潼（2009）从地区差异的视角分析了能源消费和碳排放的区域特征，实现不同地区的低碳目标，是发展低碳经济、应对气候变化的必然选择。万宇艳、苏瑜（2009）的研究认为，通过物质流分析可以为环境政策提供新的方法和视角。邓梁春（2009）解析了金融危机对气候变化问题的启示，认为低碳经济是未来应对气候变化的国际制度背景下各国展开竞争优势的新平台。马友华等（2009）基于农业可持续发展视角论述了农业与气候变暖的相互关系及相互影响，并提出了实现低碳农业的相关措施。程序（2009）基于生物质视点阐述了低碳农业与低碳农村的新内涵。韩雪梅、刘欢欢（2009）结合碳排放的测算，对我国西部地区生态环境的改善与重建问题进行了研究，结论认为，西部地区有必要实现由"高碳"时代到"低碳"时代的跨越。

2.4.4.2 对外贸易的碳排放效应

随着贸易自由化纵深发展与国际气候变化的加剧，对外贸易的碳排放效应以及隐含碳排放问题受到许多专家、学者的广泛关注。近十几年来，聚焦于这一视野的研究逐渐丰富，譬如，近藤（Y. Kondo，1998）较早使用投入产出表估算了日本对外贸易的碳排放效应，结论显示日本进出口碳排放强度基本一致。费尔达·哈利西格鲁（Ferda Halicioglu, 2009）运用土耳其 1960～2005 年的时间序列数据，对 CO_2 排放量、能源消耗、国民收入、国际贸易的动态因果关系进行了实证研究和检验，结论显示能源消耗、国民收入及国际贸易显著影响碳排放。克兰斯顿、哈蒙德（G. R. Cranston and G. P. Hammond, 2009）研究了南北国家低碳经济进展，呼吁南北国家要实现人口的均衡增长，促进经济活动与环境和谐发展。奥尔加·加夫里洛娃（Olga Gavrilova, 2010）基于奥地利畜牧业的研究认为，如果考虑直接碳排放，进口碳密集产品以代替本国生产将会改善碳平衡的假说未必成立。在国内，李秀香、张婷（2004）以 CO_2 排放量为污染指标，分析了 1981～1999 年期间我国出口增长的环境效应，结论认为：若在贸易自由化的同时实施环境管制，中国出口贸易扩张会减少人均碳排放，反之会加剧碳排放。具体而言：存在正的总规模效应；另外，比较劳动密集型产品出口增长快于资本密集型产品出口增长，存在正的结构效应；出口创汇有助于增强进口污染处理设备的能力，存在正的技术效应。刘强等（2008）估算了中国 46 种出口贸易产品的载能量和碳排放量，结论认为：由贸易所引发的能耗量和碳排放量增加不利于我国对外贸易的可持续发展。宁学敏（2009）研究发现，无论长期还是短期，出口贸易对碳排放量均存在正向影响，并进一步提出应从优化外贸结构入手探寻减排新途径。孙小羽、臧新（2009）的研究结果表明，我国出口贸易承载着越来越多的世界能源消耗和 CO_2、大气污染物质排放转移。许广月、宋德勇（2010）研究表明出口贸易、经济增长与碳排放量存在协整关系，出口贸易是影响碳排放的主要因素，且弹性系数为正。王海鹏（2010）发现我国高碳产品出口比重趋于下降，目前出口贸易结构有利于提高我国能源利用效率。相反，刘轶芳等（2010）的研究则认为，近十年来，我国贸易结构变化并未对隐含碳排放造成有利影响；朱启荣（2010）、李小平等（2010）研究也显示我国出口贸易引致的二氧化碳排放量呈迅速增长态势。黄敏（2012）采用非竞争型投入产出模型对中国出口碳排放进行了测算和影响因素分解，结果显示出口规模是出口排放增长的主要原因。

2.4.4.3 节能减排的社会经济效应研究

Onno Kuik（2004）曾对一个基于国内水平的替代排放交易计划进行了评价与实证分析，结论认为贸易限排对一国贸易竞争力有积极影响，但减排成本不会因此而降低。Koji Shimada，Yoshitaka Tanaka（2007）基于日本滋贺县的数据对低碳经济的有效性进行了实证研究与检验，结果显示长期发展低碳经济会使滋贺县 2030 年的 CO_2 排放量比 1990 年减少 30% ~ 50%，且人均 GDP 仍将增长 1.6%，其中经济结构的改变和科技进步起着至关重要的作用。KeiGomi，Kouji Shimada，Yuzuru Matsuoka（2009）以日本京都为例，通过一个估计模型基于商业、交通和外贸增长对发展城市低碳经济进行了研究和预测，结果显示发展城市低碳经济具有积极的环境与能源效应。梁希、戴维·雷纳（Xi Liang and David Reiner，2009）就低碳能源投资行为进行了研究，结论认为低碳行为模式对中国能源产业的决策制定者具有显著影响。尼克·里弗斯（Nic Rivers，2010）基于动态可计算一般均衡模型的实证研究表明，如果碳排放权制度安排不合理，许多产业的国际贸易竞争力将面临严峻挑战。周芳（2009）研究认为节能减排将对我国出口贸易产生不利影响和巨大压力。

2.5 简评

综览上述国内外文献，笔者发现：总体而言，关于国际贸易对环境的影响存在三种理论倾向，一种认为国际贸易能够促进全球资源配置的帕累托最优，另一种则认为国际贸易会在一定程度上加剧环境污染，还有一部分认为国际贸易对环境的影响具有不确定性。另外，尚有几点趋势值得关注：（1）对外贸易的环境效应不断扩展，由规模效应、结构效应、技术效应逐步扩展到收入效应、规制效应等多个方面；对外贸易导致各国"向环境标准底线赛跑"假说与"污染避难所"假说在一些国家成立，但在另一些国家不一定成立；中国对外贸易的环境效应存在极大不确定性与复杂性，不能简单而论，应该结合区域经济发展差异、行业差异与经济发展阶段予以研究。（2）尽管不少实证研究支持出口贸易是加剧碳排放的一个不可忽视的原因，但从经济学理论逻辑而言，出口贸易究竟如何影响碳排放仍然存在争议；发达国家出口贸易扩张在一定程度上加剧了碳排放，这一论点已经被许多经验研究所证实，但关于发展中国家出口贸易的碳排放效应研究尚需进一步关注和探索；即便已有一些研究论及中国出口贸易的碳排放效应问题，但多数研究限于宏观视角、地区层面或个别案例的分析，基于行业差异视角的多维度研究与探索尚不多见。（3）大量理论分析与实证研究支持低碳经济；许多经验研究显示，对外贸易是加剧碳排放的一个不可忽视的原因，但具体影响程度如何尚存在不确性和争议；相对而言，学术界对于国际贸易的环境效应与碳排放效应的关注较多，而对环境规制、节能减排的贸易效应的研究较为薄弱。

第3章 中国对外贸易扩张与环境冲突

20世纪90年代以来,尤其是加入WTO后至经济危机以前,中国对外贸易快速增长,社会经济取得了许多令人瞩目的成绩,工业化、城市化和现代化进程逐步加快,贸易竞争力与经济实力不断增强,国际经济地位也稳步提升,经济大国、贸易大国雏形初现。但我们为此付出了无以复加的环境代价。大量经验与事实显示,中国正面临有史以来最严重的生态危机,环境污染事件数见不鲜,因贸易扩张引致的经济活动与环境的冲突日趋严重。正如马克思所言,"文明如果是自发地发展,而不是自觉地发展,则留给自己的是荒漠。"① 从而,深刻反思现有贸易增长方式,积极探索对外贸易可持续发展道路迫在眉睫。

3.1 中国经济增长趋势及其国际经济地位

近30多年来,中国充分发挥后发优势和比较优势,并成功实现了追赶式发展,从而逐步跻身经济大国的行列,社会经济发展成就举世瞩目。从图3-1、图3-2不难发现,一方面,国内生产总值(GDP)快速增长,1978～2011年中国GDP年均增长率高达9.7%左右,1978年GDP仅为3 645.2亿元人民币,2011年增长到472 881.6亿元人民币,相当于1978年的129.7倍;另一方面,人均GDP也稳步提高,1978年该指标仅为381元人民币,2011年提高到35 181元人民币,相当于1978年的92.3倍。

---

① 《马克思恩格斯选集》(第1卷),人民出版社1995年版,第256页。

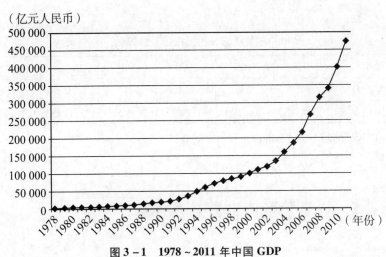

（亿元人民币）

图 3 - 1　1978 ~ 2011 年中国 GDP

资料来源：《中国统计年鉴》。

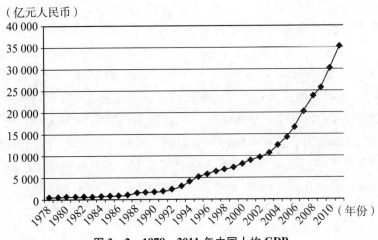

（亿元人民币）

图 3 - 2　1978 ~ 2011 年中国人均 GDP

资料来源：《中国统计年鉴》。

　　伴随经济强劲增长，中国国际经济地位也得以大幅提升，从表 3 - 1 可以看出，改革开放初期，中国国内生产总值与人均国民收入世界排名分别位居第 10、第 175，2000 年这两项排名分别上升到第 6、第 141，2010 年继续提升为第 2、第 121，2011 年人均国民收入进一步上升到第 114 位。虽然，当前的排名仍然很不理想，但对于曾经积贫积弱的中国而言，这已经是一种了不起的进步与跨越。

表 3 - 1 中国经济增长主要指标世界排名

年份	1978	1990	2000	2005	2010	2011
国内生产总值	10	11	6	5	2	2
人均国民收入	175（188）	178（200）	141（207）	128（208）	121（215）	114（213）

注：括号内为参加排名的国家和地区数量。
资料来源：联合国数据库。

3.2 逐渐扩张的中国对外贸易

3.2.1 中国对外贸易规模变动

改革开放 35 年来，中国对外贸易取得了令人惊羡的业绩。据统计数据显示，加入 WTO 之前的 1978～2001 年，中国出口年均增长 15% 左右，加入 WTO 之后的 2002～2012 年，中国出口年均增长率更高达 20% 左右，不过 2009 年以后增速大幅下滑。从图 3 - 3 可见，自改革开放以来，中国对外贸易规模持续扩张，总体而言，无论进出口总额、出口总额，还是进口总额均大幅攀升，且一直保持贸易顺差。改革开放初期，进出口总额、出口总额与进口总额分别为 206.4 亿、97.5 亿、108.9 亿美元，2011 年此三项指标分别达到 36 418.6 亿、18 983.8 亿、17 434.8 亿美元，分别相当于改革开放初期的 176.4 倍、194.7 倍、160.1 倍。特别是，近几年来，国际服务贸易规模也迅速扩大，2012 年，中国国际服务进出口贸易总额（不含政府服务）首次超过 4 700 亿美元，跃居世界第三，仅次于美国和德国。

随着对外贸易规模的扩张，我国也逐渐步入世界贸易大国行列。从表 3 - 2 可见，1978 年中国货物进出口贸易总额、货物出口总额与货物进口总额排名分别位居世界第 29、第 31、第 29，到 2005 年这三项指标排名均迅速上升到第 3，2010～2011 年分别进一步提升到第 2、第 1、第 2。

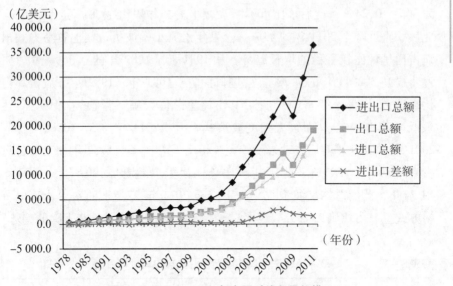

图 3 - 3 1978 ~ 2011 年中国对外贸易规模

资料来源：《中国海关统计年鉴》、《中国对外经济统计年鉴》。

表 3 - 2			中国对外贸易规模主要指标世界排名			
年份	1978	1990	2000	2005	2010	2011
进出口总额	29	15	8	3	2	2
出口总额	31	14	7	3	1	1
进口总额	29	17	8	3	2	2

资料来源：联合国数据库。

3.2.2 中国对外贸易结构变迁

3.2.2.1 中国对外贸易方式结构

自 20 世纪 80 年代初期以来，中国对外贸易方式结构经历了前有未有的变化。从表 3 - 3 可以看出不同贸易方式出口与进口占比变动趋势。就出口而言：1981 年、1982 年一般贸易比重高达 94.5%、99.66%，1983年开始该比重一路大幅下降至 1993 年的 47.08%，经历 1994 ~ 1997 年轻微震荡后继续下降，1998 年达最低点 40.41%，此后总体呈小幅波浪式上升趋势，2011 年达 48.30%；相反，1981 年、1982 年加工贸易仅占

5.14%、0.24%，此后该比重不断大幅上升，1999年达最高点56.88%，此后一直下降至2011年的44%，个别年份有小幅波折；其他贸易方式出口占比呈现比较平稳的增长趋势，从1981年、1982年的0.36%、0.1%逐步提升到2011年的7.7%。就进口而言：1981年、1982年一般贸易占比高达92.53%、97.85%，此后其占比呈总体大幅下降趋势，1997年达最低点27.41%，继而较大幅度波浪式上升，2011年达57.10%，其间，2001年、2008年前后波动幅度较大；相反，1981年、1982年加工贸易只占到6.83%、1.43%，此后其占比总体呈上升趋势，1997年达最高点49.31%，此后总体呈波浪式小幅下降至2011年27.4%的水平；其他贸易方式进口占比则以1993年为拐点，呈现大幅提升后又逐步下降的趋势。

表3-3　　　1981～2011年中国不同贸易方式出口与进口占比　　　单位：%

年份	出口			进口		
	一般贸易	加工贸易	其他贸易	一般贸易	加工贸易	其他贸易
1981	94.50	5.14	0.36	92.53	6.83	0.64
1982	99.66	0.24	0.10	97.85	1.43	0.72
1983	90.69	8.74	0.57	87.74	10.62	1.64
1984	88.61	11.21	0.19	87.01	11.48	1.51
1985	86.76	12.12	1.11	88.22	10.12	1.67
1986	81.11	18.16	0.73	82.07	15.62	2.31
1987	75.16	22.80	2.04	66.59	23.58	9.83
1988	68.65	29.59	1.76	63.69	27.33	8.98
1989	60.05	37.66	2.29	60.22	29.02	10.76
1990	57.11	40.94	1.95	49.11	35.16	15.73
1991	53.01	45.10	1.89	46.31	39.24	14.45
1992	51.42	46.64	1.93	41.72	39.14	19.15
1993	47.08	48.23	4.69	36.60	34.98	28.41
1994	50.87	47.09	2.04	30.72	41.15	28.13
1995	47.97	49.54	2.49	32.84	44.19	22.97
1996	41.60	55.83	2.57	28.35	44.85	26.80
1997	42.66	54.49	2.85	27.41	49.31	23.27

续表

年份	出口			进口		
	一般贸易	加工贸易	其他贸易	一般贸易	加工贸易	其他贸易
1998	40.41	56.86	2.73	31.15	48.92	19.94
1999	40.60	56.88	2.52	40.46	44.40	15.14
2000	42.21	55.24	2.56	44.46	41.12	14.42
2001	42.05	55.41	2.55	46.58	38.58	14.83
2002	41.83	55.26	2.91	43.74	41.40	14.86
2003	41.54	55.19	3.27	45.47	39.48	15.05
2004	41.06	55.28	3.66	44.21	39.50	16.28
2005	41.35	54.66	3.99	42.37	41.52	16.11
2006	42.95	52.67	4.37	42.08	40.62	17.30
2007	44.22	50.71	5.07	44.84	38.55	16.62
2008	46.33	47.19	6.48	50.51	33.41	16.08
2009	44.10	48.90	7.10	52.30	32.60	15.10
2010	45.60	46.90	7.40	54.40	30.40	15.20
2011	48.30	44.00	7.70	57.10	27.40	15.50

资料来源：根据《中国海关统计年鉴》、《中国对外经济统计年鉴》相关数据计算整理。

同时，图 3-4、图 3-5 显示：从出口来看，一般贸易与加工贸易呈现"剪刀"形互动演变轨迹，1981～1992 年期间一般贸易明显占据主导地位，1993 年一般贸易与加工贸易占比首次基本持平，1994～2007 年期间一般贸易与加工贸易总体上并驾齐驱，加工贸易略显优势，2008 年一般贸易与加工贸易第二次出现平衡点，2009～2011 年再次出现一般贸易超越加工贸易的势头；从进口看，一般贸易与加工贸易呈现"麻花"形互动演变轨迹，1981～1992 年期间一般方式进口同样占据主导地位，1993 年一般方式进口与加工方式进口占比首次基本持平，1994～1999 年期间加工方式进口占据优势地位，2000 年一般方式进口与加工方式进口第二次出现平衡点，2001～2005 年一般方式进口与加工方式进口并行发展，一般方式进口略显优势，2006 至今一般方式进口明显超过加工方式进口。

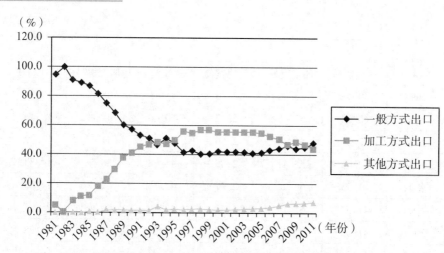

图 3 - 4 1981 ~ 2011 年出口贸易方式结构演变轨迹

资料来源：根据《中国海关统计年鉴》、《中国对外经济统计年鉴》相关数据计算整理。

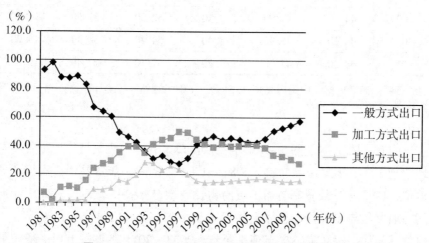

图 3 - 5 1981 ~ 2011 年进口贸易方式结构演变轨迹

资料来源：根据《中国海关统计年鉴》、《中国对外经济统计年鉴》相关数据计算得出。

综上所述，中国对外贸易方式结构变化具有如下一般特征：第一，一般贸易快速下降后缓慢上升，加工贸易快速上升后缓慢下降，其他贸易小幅增长，但部分年份略有波折；第二，逐步由一般贸易为主、加工贸易为辅、其他贸易为补充的贸易格局，向一般贸易与加工贸易并重、其他贸易

为辅的贸易格局转变；第三，总体而言，一般贸易与加工贸易呈现此消彼
长的互动发展态势。

3.2.2.2　中国对外贸易商品结构

1. 初级制品与工业制成品总体出口结构

改革开放初期中国初级产品出口与工业制成品出口基本平分秋色，由
表 3 – 4 可见，1980 年中国初级产品与工业制成品出口比重分别达 50.3%、
49.7%，二者相差无几。但伴随改革逐步推进与发展，初级产品出口比重持
续大幅下降，2010 年、2011 年该比重仅为 5.18%、5.3%；相反，工业制成
品比重持续大幅上升，2010 年、2011 年该比重高达 94.82%、94.7%。

表 3 – 4　　　1980 ~ 2011 年中国初级产品出口与工业制成品出口占总出口比重

年份	初级产品	工业制成品
1980	0.5030	0.4970
1992	0.2002	0.7998
2001	0.0990	0.9010
2008	0.0545	0.9455
2009	0.0525	0.9475
2010	0.0518	0.9482
2011	0.0530	0.9470

资料来源：根据《中国海关统计年鉴》、《中国对外经济统计年鉴》相关数据计
算得出。

另外，从图 3 – 6 可以看出，中国出口贸易商品结构呈现典型的"C"
型互动演变轨迹，即初级产品出口比例逐步下降的同时，工业制成品出口
比例逐渐提升，二者呈现显著的此消彼长趋势。上述事实说明，经历 30
多年的改革开放，中国对外贸易商品结构发生了天翻地覆的变化，商品结
构合理化、高级化趋势逐步凸显。尽管目前中国工业制成品出口仍然存在
高附加值、高技术含量产品比重偏低，低附加值、低技术含量产品比重偏
高的不合理现象，但相对于新中国成立初期初级产品一统天下的情况而
言，中国对外贸易商品结构已经取得了难能可贵的进步。

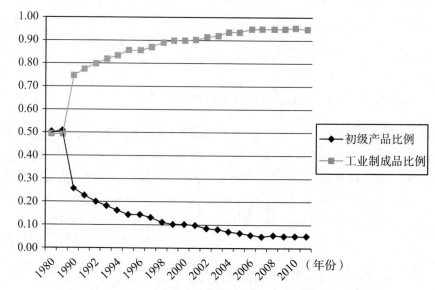

图3-6　1980~2011年中国初级产品与工业制成品出口比重

资料来源：根据《中国海关统计年鉴》、《中国对外经济统计年鉴》相关数据计算得出。

2. 初级产品进出口结构

图3-7、图3-8分别刻画了中国初级产品出口与进口结构。图3-7显示，大多数年份，食品及主要供食用的活动物、饮料及烟类产品、非食用原料、矿物燃料和润滑油及有关原料、动植物油脂及蜡五个行业的出口比重分别位列第1、第4、第3、第2、第5。其中，食品及主要供食用的活动物、饮料及烟类产品的出口比重波动幅度较大，总体呈曲折上升趋势，其余三类初级产品出口比重波动幅度较小，总体呈下滑趋势。

图3-8显示，在大多数时间段，食品及主要供食用的活动物、饮料及烟类产品、非食用原料、矿物燃料和润滑油及有关原料、动植物油脂及蜡五个行业的进口比重分别位列第3、第5、第1、第2、第4。其中，矿物燃料和润滑油及有关原料、食品及主要供食用的活动物的进口占比波动十分剧烈，非食用原料、动植物油脂及蜡产品的进口占比呈小幅波动，饮料及烟类产品进口占比总体稳定，基本没有变化；非食用原料、矿物燃料和润滑油及有关原料进口占比呈波浪式上升趋势，但矿物燃料和润滑油及

有关原料总体上升幅度较大，食品及主要供食用的活动物、动植物油脂及蜡产品的进口占比呈下降趋势，但食品及主要供食用的活动物下降势头十分强劲。

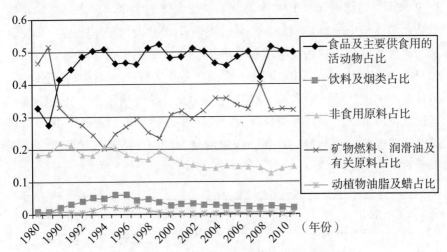

图 3 - 7 1980 ~ 2011 年初级产品出口结构

资料来源：根据《中国海关统计年鉴》、《中国对外经济统计年鉴》相关数据计算得出。

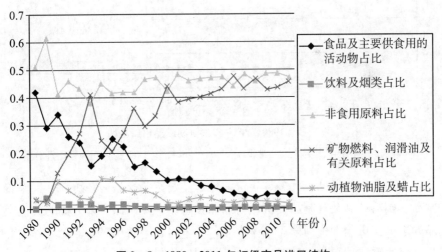

图 3 - 8 1980 ~ 2011 年初级产品进口结构

资料来源：根据《中国统计年鉴》、《中国对外经济统计年鉴》相关数据计算整理。

3. 工业制成品进出口结构

图3-9、图3-10分别刻画了中国工业制成品出口与进口结构。图3-9表明，总体看，自1992年以来，化学品及有关产品、未分类的其他商品大多数年份出口比重较为稳定，略有小幅波动；轻纺产品、橡胶制品、矿冶产品及其制品、杂项制品的出口比重呈大幅下降趋势，尤其是80年代初期轻纺产品、橡胶制品、矿冶产品及其制品出口比重接近50%，但目前该比重已经低于20%；值得注意的是，除个别年份以外，机械与运输设备的出口比例一直快速上升，改革开放初期该比重低于10%，目前已经超过50%，与轻纺产品、橡胶制品、矿冶产品及其制品出口形成鲜明对照。

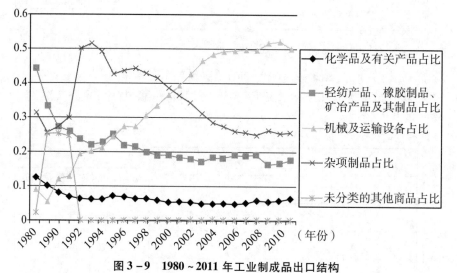

图3-9   1980~2011年工业制成品出口结构

资料来源：根据《中国统计年鉴》、《中国对外经济统计年鉴》相关数据计算整理。

从图3-10可见，大多数年份，化学品及有关产品，轻纺产品、橡胶制品、矿冶产品及其制品，机械与运输设备、杂项制品、未分类的其他商品的进口比重分别位列第3、第2、第1、第4、第5；1992年之前各类产品进口比重波动较大，1992年之后化学品及有关产品、杂项制品、未分类的其他商品的进口比重波动幅度较小，基本在10%上下徘徊，但机械与运输设备和轻纺产品、橡胶制品、矿冶产品及其制品的进口仍然呈现显著反差，前者大幅上升，后者则大幅下降。

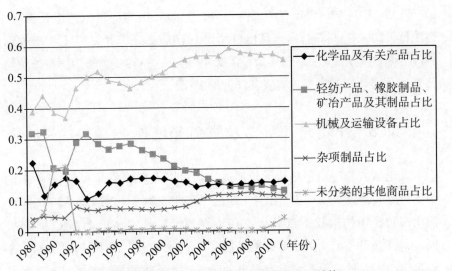

图3-10 1980～2011年工业制成品进口结构

资料来源：根据《中国统计年鉴》、《中国对外经济统计年鉴》相关数据计算整理。

4. 高新技术产品出口走势

长期以来，中国高新技术产品出口规模很小，对外贸易结构亟待改善与进一步优化。经历20世纪90年代的跨越式发展，加上FDI溢出效应的积极影响，21世纪初，中国高新技术产品出口开始取得突破，图3-11显

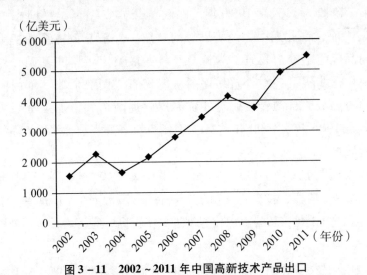

图3-11 2002～2011年中国高新技术产品出口

资料来源：根据《中国统计年鉴》、《中国对外经济统计年鉴》相关数据计算整理。

示，除 2003 年、2009 年有所下降以外，其余年份均保持高速增长态势。据统计，2002 年高新技术产品出口额为 1 570.62 亿美元，2011 年增长到 5 487.88 亿美元，比 2002 年增长了 2.49 倍。这一转变对于中国对外贸易乃至整个社会经济发展具有极其深远的意义。

3.2.3　中国对外贸易扩张的阶段性

无论从贸易规模还是从增长速度，均可以发现改革开放 30 多年来的中国对外贸易发展具有典型的扩张性。据不完全统计，1978～2012 年中国出口贸易年均增长 16.6%，这在世界各国对外贸易史上都较为罕见。同时，仔细思考前文关于对外贸易规模以及对外贸易结构的统计分析，不难看出中国对外贸易扩张具有显著的阶段性。不管进出口规模、对外贸易方式结构还是对外贸易商品结构的变动，其相关曲线在 1992 年、1997 年、2001 年、2008 年前后都不同程度地发生突变或剧烈波动，从而形成不同结点，这些结点进一步将中国对外贸易扩张的路径分割为几个比较明显的阶段。

鉴于上述分析，笔者将改革开放以来的中国对外贸易扩张界定为以下四个阶段[①]：

第一阶段为 1978～1991 年，即改革开放发端至小平同志"南方谈话"之前，在此期间，经济思想的解放、经济开放体系的初步建立以及商品经济的充分发育，为社会经济发展奠定了坚实基础，外向型企业地位逐步提升，对外贸易逐渐从传统的"调剂余缺"部门向国民经济的重要战略部门转变，对外贸易规模逐渐扩大，加工贸易快速增长，但是 1986 年、1990 年前后，因制度变革的影响对外贸易贸易发展有所波折。

第二阶段为 1992～2001 年，即小平同志"南方谈话"至中国加入 WTO，在这一阶段，社会主义市场经济体制改革为经济开放注入了新的活力，经济自由化与贸易自由化程度进一步提高，经济增长对国外资源与

---

① 大多数学者依据经济开放的渐进性将我国对外贸易划分为 1978～1991 年、1992～2001 年、2002 年至今三个阶段，鉴于 2008 年经济危机的影响，笔者倾向于 2002～2008 年为第三阶段、2009 年以后为第四阶段。

国际市场的依赖不断提升，FDI 大幅增长，对外贸易取得长足进展并日趋
繁荣，但是，1997 年前后因亚洲金融危机的影响，对外贸易扩张受到一
定程度的抑制。

第三阶段为 2002～2008 年，即中国加入 WTO 至 2008 年全球经
济危机爆发，这一时期为中国对外开放的深化阶段，国内市场与国际
市场一体化进程逐步加快，伴随全面履行加入世界贸易组织的一系列
自由化承诺，中国逐渐融入全球生产体系和国际贸易多边管理体系，
同时，中国在西方发达国家制造业转移和产业结构重塑的背景下从国
际市场获取了一系列发展机遇，从而加工贸易得以飞速发展，对外贸
易顺差大幅增加，事实说明这一阶段堪称改革开放以来中国对外贸易
扩张的黄金时段。

第四阶段为 2009 年之后，这一时期恰逢美国次贷危机以及美国与欧
洲主权债务危机引致的全球经济衰退，中国对外贸易正将遭遇风险与机遇
并存的再平衡。从经济学理论逻辑而言，在开放经济体系中，消费、投资
与对外贸易通常作为"三驾马车"对国民经济增长产生着重要作用；国内
外大量经验研究也从不同层面、不同视角证实了对外贸易对一国经济增长
和社会发展的重要贡献。但值得一提的是，近年来，面对经济危机，人们
似乎更加关注国内消费与投资的作用，不少数据也显示对外贸易对经济增
长的贡献有所下滑。但笔者认为，从长远而言，无论从近 500 多年大国兴
衰的历史教训来看，还是从我国国情国力出发，简单怀疑、低估对外贸易
的作用可能不够客观也不够科学。因此，乐观地看，中国对外贸易扩张远
未结束，如果能够成功实现经济再平衡与贸易再平衡，对外贸易发展仍然
具有十分广阔的前景与巨大潜力。

3.3　中国环境现状统计性描述

学术界关于经济增长与环境的互动影响研究尚存一些不确定性，因而
简单地将中国环境问题完全归因于经济增长无疑尚缺乏充分的理论依据。
尽管如此，伴随中国经济快速增长环境污染日益严重、环境危机事件日渐
增多几乎成为不争的事实。大量数据说明，中国环境质量现状十分严峻，
环境规制与治理迫在眉睫。一方面，中国逐步成长为世界经济大国、国际

贸易大国；另一方面，中国作为污染大国、碳排放大国也不断遭遇国际社会非议与质疑。

表 3 - 5 显示，2000 年中国废水、废气排放总量与固体废物产生总量分别为 415.2 亿吨、138 145 亿标立方米、81 608 万吨，此后每年一直呈不同速率上升趋势，2009 年分别上升到 589.1 亿吨、436 064 亿标立方米、203 943 万吨，分别相当于 2000 年的 1.42 倍、3.16 倍、2.5 倍。

表 3 - 5　　　2000 ~ 2009 年中国工业废水、废气排放总量与固体废物产生量

年份	废水排放总量（亿吨）	废气排放总量（亿标立方米）	固体废物产生总量（万吨）
2000	415.2	138 145	81 608
2001	432.9	160 863	88 840
2002	439.5	175 257	94 509
2003	459.3	198 906	100 428
2004	482.4	237 696	120 030
2005	524.5	268 988	134 449
2006	536.8	330 990	151 541
2007	556.8	388 169	175 632
2008	571.7	403 866	190 127
2009	589.1	436 064	203 943

资料来源：根据《中国工业经济统计年鉴》、《中国环境年鉴》相关数据计算整理。

以 2006 年统计数据为例，中国 GDP 在当年世界 20 大经济体中位列第四，名列美国、日本、德国之后，英国、法国、意大利、加拿大、西班牙、巴西、俄罗斯、印度、韩国等国家之前（见图 3 - 12），但就二氧化碳排放总量而言，中国位居第一（见图 3 - 13），与传统排放大国美国相当，但远远超越俄罗斯、日本、印度、德国、加拿大等国。

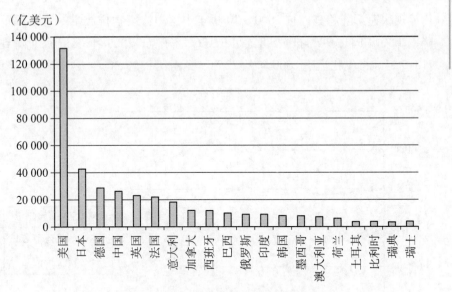

图 3 – 12　2006 年世界 20 大经济体 GDP

资料来源：根据《中国工业经济统计年鉴》、《中国环境年鉴》相关数据计算整理。

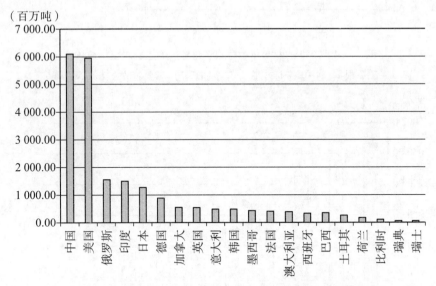

图 3 – 13　2006 年世界 20 大经济体二氧化碳排放总量排名

资料来源：根据《中国统计年鉴》、《中国环境年鉴》相关数据计算整理。

　　不过，从动态角度看，中国环境规制与治理也取得了巨大进步。从图
3 – 14 可见，21 世纪以来，二氧化硫排放总量总体变化不大，烟尘、粉尘
排放总量逐步下降，尤其是 2005 年以后二氧化硫、烟尘、粉尘排放总量

均显现快速下降趋势。自 2000～2009 年中国固体废物排放量一直大幅下降，2000 年固体废物排放量高达 3 186.2 万吨，2009 年该指标下降到 710.5 万吨，仅相当于 2000 年的 22%（见图 3－15）。

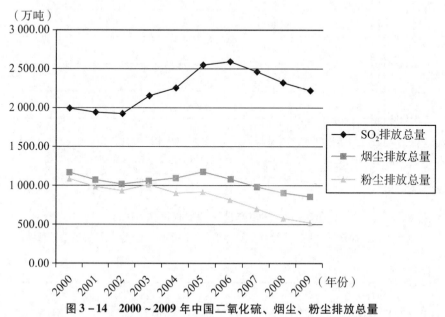

图 3－14　2000～2009 年中国二氧化硫、烟尘、粉尘排放总量

资料来源：根据《中国统计年鉴》、《中国环境年鉴》相关数据计算整理。

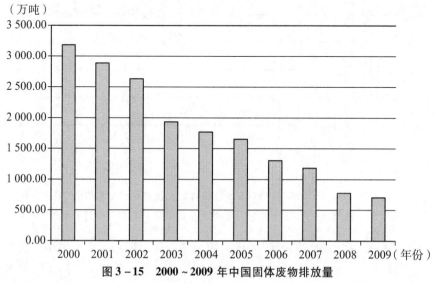

图 3－15　2000～2009 年中国固体废物排放量

资料来源：根据《中国统计年鉴》、《中国环境年鉴》相关数据计算整理。

另外，中国虽为碳排放总量大国，但人均二氧化碳排放量并不很高。图 3 - 16 显示，2006 年人均二氧化碳排放量在全球 20 大经济体中位列 16，这说明中国节能减排以及与国际社会谈判的空间仍然较大。

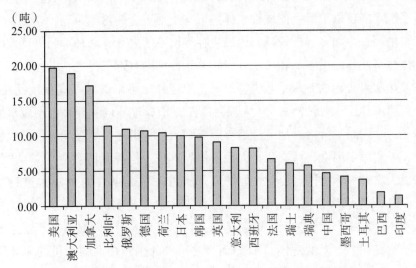

图 3 - 16　2006 年世界 20 大经济体人均二氧化碳排放量排名

资料来源：根据《中国统计年鉴》、《中国环境年鉴》相关数据计算整理。

3.4　贸易扩张背景下中国环境污染成因与危害

从大量经验可以感知，自从人类诞生以来，人类从未停止对环境的贪婪索取，千百万年来，为了争夺资源，人类经历了永无休止的征战杀戮与劫掠。许多历史学家与考古学家研究证明，曾经辉煌的古代巴比伦文明与印度文明正是伴随漫漫黄沙在不断恶化的环境中走向衰落。正如马克思和恩格斯指出："整个所谓世界历史不外是人通过人的劳动而诞生的过程，是自然界对人来说的生成过程。"①

从某种程度说，20 世纪是一个刀光剑影与工业化机器交相辉映的时代，连绵的战争、不计其数的工厂与无限膨胀的物质欲望给 21 世纪的人

————————

① 《马克思恩格斯全集》（第 42 卷），人民出版社 1979 年版，第 131 页。

类留下了巨额的环境赤字，环境问题日趋严重。就中国而言，伴随对外贸易扩张和经济不断增长，一方面，中国工业化、城市化和现代化进程逐步加快，贸易竞争力与经济实力不断增强；另一方面，我们正面临有史以来最严重的环境污染与生态危机，特别是 20 世纪 90 年代以来，自然生态环境系统功能急剧下降，流域性水体污染与土地重金属污染蔓延，遗传资源濒临枯竭，生物多样性锐减，人民生存环境不断恶化，因环境污染诱发的群体性事件日趋增多。相关统计资料显示，中国有近三分之一的国土面临荒漠化和水土流失威胁，全国 82% 左右的主要河流受到不同程度污染，一些河流甚至永久性消失，7 大江河流经的 87% 左右的主要城市河段水质恶化，全国约三分之一地区遭遇雾霾威胁。近年世界卫生组织一份报告表明，中国每年因空气污染死亡人数居世界首位。值得我们警醒的是，"如果说人靠科学和创造性天才征服了自然力，那么自然力也对人进行报复。"① 马克思认为："自然界，就它本身不是人的身体而言，是人的无机的身体。人靠自然界生活。这就是说，自然界是人为了不致死亡而必须与之不断交往的、人的身体。"② 简而言之，"自然界是人的无机的身体"。从而，我们绝对不能违背自然规律盲目追求经济增长和贸易扩张，"不以伟大的自然规律为依据的人类计划，只会带来灾难。"③ 事实上，如果再不切实遏制环境污染，我们将难以想象，不久的将来幅员辽阔的中国是否还能适宜我们的子孙后代居住呢？

这样的揣测似乎令人感到杞人忧天或言过其实，但进入 21 世纪以来，日益增多的严重环境污染事件实在使我们找寻合理的方略变得十分艰难。据表 3 - 6 不完全统计，2002 ~ 2012 年仅 11 年间，全国发生严重环境污染事件达 58 起之多。其中，就污染事件产生地区而言，东部地区 28 起，广东、浙江、江苏等地数量居多，中部地区 15 起，湖南、河南、安徽等地多发，西部地区 15 起，四川、云南等地较为严重；从污染事件发生时间上看，总体呈逐年上升趋势，特别是 2005 年以后呈井喷势头；就环境污染事件性质而言，除 8 起环境污染起因于洪灾、爆炸、泄漏等突发事故之外，其余 50 起主要属于水污染或重金属污染，其中 6 起事件曾引发群

---

① 《马克思恩格斯选集》（第 2 版·第 3 卷），人民出版社 1995 年版，第 225 页。

② 《马克思恩格斯全集》（第 42 卷），人民出版社 1979 年版，第 95 页。

③ 《马克思恩格斯全集》（第 31 卷），人民出版社 1972 年版，第 251 页。

体性警民冲突或官民冲突。值得说明的是，笔者无意对这些因环境污染诱致的群体性冲突事件予以评判，客观上，群体性事件肯定不利于社会稳定，但值得庆幸的是，这些冲突折射出中国普通民众环境意识的升华，从长远来说，也在一定程度上弥补了政府部门环境规制与治理机制的缺陷和不足，甚或催化更加合理的、符合中国国情民情的环境污染治理模式的逐步生成。

表 3 - 6　　　　　　　　2002 ~ 2012 年全国严重环境污染事件一览①

序号	事件名称	年份	直接成因	主要危害
1	贵州都匀矿渣污染	2002	都匀市坝固镇一铅锌矿尾渣大坝崩塌，铅锌尾渣排入清水江	树木、良田毁坏，20 多公里江水被污染，饮水困难
2	云南南盘江水污染	2002	南盘江上游陆良县、曲靖市、沾益县工业区大量工业污水未经处理排入南盘江	上百吨鱼类死亡，下游柴石滩水库 3 亿多立方米水体受污染
3	三门峡水库水质恶化	2003	三门峡大坝上游工业企业长期违规排放污水	三门峡水库水质恶化为 V 类，威胁居民饮水安全
4	四川沱江水污染	2004	四川化工股份有限公司第二化肥厂将大量高浓度氨氮废水排入沱江支流毗河	沱江氨氮超标超 50 倍，50 万公斤网箱鱼死亡，简阳、资中等地被迫停水 4 周
5	河南濮阳多年水荒	2004	黄河取水口周边大量工业企业长期违规排放污染物	取水口被污染，威胁城区 40 多万居民饮水安全
6	四川青衣江水污染	2004	乐山市部分造纸企业向青衣江偷排大量工业污水	青衣江严重被污染，乐山近 40 万市民面临饮用水危机
7	重庆綦江水污染	2005	綦江上游重庆华强化肥有限公司不合理排放废水	水厂停供，綦江古南街道近 3 万居民饮水面临危机

① 此表根据各地环境管理部门官方网站或其他网络媒体报道予以整理、归纳。

序号	事件名称	年份	直接成因	主要危害
8	浙江东阳化工污染	2005	东阳画水镇周边大量化工厂、农药厂违规排放工业污染物	稻田与山林荒芜，农民占据化工厂，与警察发生冲突
9	浙江嘉兴污染性缺水	2005	上游工厂密集，过境水体被污染	全城饮用水紧缺，水价飙升
10	黄河沿岸污水灌溉	2005	黄河沿岸一些能源、重化工、有色金属、造纸等高污染企业向农村引水渠直接排放有害废水	青海、甘肃、宁夏至内蒙古境内黄河沿岸水土被污染，农作物减产甚至绝收
11	松花江重大水污染	2005	中石油吉林石化公司双苯厂苯胺车间发生爆炸，约100吨苯、苯胺和硝基苯等有机污染物流入松花江	5人死亡，1人失踪，近70人受伤，沿岸数百万居民饮用水紧缺，危机处理不力，发生抢水风潮
12	广东北江镉污染	2005	韶关冶炼厂设备检修期间违法向北江超标排放含镉废水	北江镉浓度超标12倍多，威胁近千万群众饮水安全
13	河北保定白洋淀水污染	2006	保定地区周边大量工业与生活污水未经处理排入白洋淀	9.6万亩水域受污染，网箱中养殖鱼类全部死亡
14	吉林忙牛河水污染	2006	吉林长白山精细化工有限公司向忙牛河中人为排放化工废水	忙牛河二甲苯胺超标，形成长约5公里污染带
15	湖南岳阳砷污染	2006	饮用水源地新墙河上游3家化工厂高浓度含砷废水排入新墙河	新墙河砷超标10倍，8万居民饮用水安全受到威胁
16	四川泸州电厂柴油泄漏	2006	泸州川南电厂工程施工单位发生柴油泄漏，混入冷却水管道并排入长江	江水被严重污染，污染物进入重庆形成跨界污染，泸州市城区停水
17	江苏太湖蓝藻危机	2007	太湖流域印染、化工、电镀、造纸企业集聚，大量工业污染物与生活污水未经处理排入太湖	太湖含磷量剧增，大面积暴发蓝藻，无锡等地自来水恶臭，净水短缺

序号	事件名称	年份	直接成因	主要危害
18	安徽巢湖蓝藻危机	2007	周边地区大量工业污染物和生活污水长期未经处理排入巢湖，水体富营养化	巢湖大面积暴发蓝藻，氨氮、磷及有机物质超标，严重影响居民正常生活
19	云南滇池蓝藻危机	2007	昆明等地大量工业废水和生活污水长期未经处理排入滇池，水体富营养化	滇池氨氮、磷等耗氧物质浓度超标，大面积暴发蓝藻，威胁饮用水安全
20	江苏沭阳水污染	2007	大量工业污水侵入到位于淮沭河的自来水厂取水口	取水口水氨氮含量超标，城区 20 万人口用水困难
21	广东广州自来水污染	2008	一企业使用亚硝酸盐不当，导致自来水污染	钟落潭镇白沙村 41 名村民饮水中毒
22	云南阳宗海砷污染	2008	云南澄江锦业工贸有限公司等 8 家企业违规排放含砷污染物	阳宗海砷浓度严重超标，直接危及两万人的饮水安全
23	江苏盐城水污染	2009	盐城标新化工厂偷排 30 吨化工废水，自来水受酚类化合物污染	盐城大面积断水近 67 小时，20 万市民生活困难
24	山东沂南砷污染	2009	沂南县亿鑫化工有限公司向涑河偷排超标 2.7 万倍含砷废水	涑河水体严重污染，导致国家巨额经济损失
25	河北霸州烟尘污染	2009	位于霸州市的河北梅花味精生产基地烟尘污染	十余村庄居民饮水受污染，千亩农田荒芜
26	江苏东海化工污染	2009	东海县响水亿达化工有限公司违规处理有毒化工废弃物	威胁东海县及沭阳县部分乡镇水土安全
27	湖南浏阳镉污染	2009	浏阳双桥村长沙湘和化工厂长期排放有害工业废物，引起大面积镉污染	植被枯死，部分村民因镉超标患病甚至死亡，上千名村民与政府发生冲突

序号	事件名称	年份	直接成因	主要危害
28	陕西汉阴矿砂泄漏	2009	汉阴县黄龙金矿尾矿约8 000立方米尾砂泄漏，流入青泥河与观音河水库	汉阴县城老城区自来水水源被污染，居民正常生活饮用水紧缺
29	陕西凤翔长青铅污染	2009	凤翔县长青镇东岭集团铅锌冶炼公司长期排放污染物	851名儿童血铅超标，引发恶性群体性冲突
30	湖南武冈文坪铅污染	2009	武冈市文坪镇精炼锰厂违规排放污染物	1 354名儿童血铅超标，社会影响恶劣
31	福建上杭蛟洋铅污染	2009	上杭县蛟洋乡华强电池厂违规排放污染物	121名儿童血铅超标，社会影响恶劣
32	广东清远铅污染	2009	清远市银源工业区则良蓄电池厂等无组织排放污染物	44名儿童血铅超标，社会影响恶劣
33	湘江流域重金属污染	2009	湘江流域采选、冶炼、化工等企业长期不合理排放含汞、镉、铬、铅等重金属污染物	数千亩农田荒废，相当地域鱼类、粮食、蔬菜不能食用，4 000万人口饮水受威胁
34	福建紫金山铜酸水渗漏	2010	紫金矿业公司紫金山铜矿铜酸水渗漏，致使9 100立方米污水流入汀江且应急处置不力	汀江严重污染，数百万公斤网箱养殖鱼死亡，直接经济损失达3 187多万元
35	松花江化工桶污染	2010	吉林两家化工厂仓库被洪水冲毁，7 138只化工桶进入松花江	松花江污染带长5公里，城市供水管道被切断
36	辽宁大连新港原油泄漏	2010	大连新港一艘30万吨级油轮卸油导致输油管线发生爆炸	附近50平方公里海域被污染，大量渔民和养殖户受损
37	河南铬废料渗漏	2010	长期累积的六百多万吨废料铬渣不断渗漏扩散	持久威胁居民生活，危害地下水水质，毁坏大量农田

续表

序号	事件名称	年份	直接成因	主要危害
38	安徽怀宁高河铅污染	2011	怀宁县高河镇安庆博瑞电源有限公司违规排放含铅污染物	228 名儿童血铅超标，社会影响恶劣
39	浙江台州峰江铅污染	2011	台州市峰江街道速起蓄电池有限公司违规排放含铅污染物	172 人血铅超标，其中儿童 53 人，社会影响恶劣
40	浙江德清新市铅污染	2011	德清县新市镇浙江海久电池股份有限公司恶意超标排污	332 人血铅超标，其中儿童 99 人，社会影响恶劣
41	广东紫金铅污染	2011	紫金县河源三威电池有限公司违规排放铅尘、铅烟	136 人血铅超标，其中 59 人中毒，社会影响恶劣
42	上海浦东康桥铅污染	2011	上海江森自控国际蓄电池有限公司等超标排放含铅污染物	25 名儿童血铅超标，社会影响恶劣
43	渤海蓬莱油田溢油污染	2011	中海油与康菲石油合作的蓬莱 19－3 油田发生漏油事故	渤海 6 200 平方公里海水受污染，渔民和养殖户受损
44	黑龙江哈尔滨空气污染	2011	哈尔滨医药集团公司制药总厂长期超标排放污水和废气	哈西地区空气中硫化氢超标 1 150 倍，居民无法生活
45	浙江杭州自来水污染	2011	青山湖附近工业园区违规排放含多种挥发性苯烯类物质污水	杭州市余杭区自来水出现异味，居民饮用水困难
46	广东化州水污染	2011	化州市德英高岭土厂非法排放工业污水	逾万斤塘鱼暴毙，湛江数百万人饮用水安全受到威胁
47	四川阿坝州尾矿渣污染	2011	阿坝州松潘县境内一家电解锰厂尾矿渣被洪水卷入涪江	影响涪江沿岸江油至绵阳段约 50 万居民饮用水安全

续表

序号	事件名称	年份	直接成因	主要危害
48	云南曲靖铬渣污染	2011	曲靖陆良化工实业有限公司非法倾倒 5 222.38 吨铬渣	南盘江被污染，77 头牲畜死亡，威胁农村及山区环境
49	甘肃徽县镉污染	2011	地处徽县的宝徽集团锌冶公司污染防护措施缺失	该公司 266 人血镉超标，71 人住院治疗
50	江西乐安河水污染	2011	江西铜业下属多家矿山公司及上游有色矿山企业经常向乐安排放含有害物质污染物	9 269 亩耕地绝收，1 万余亩耕地减产，河鱼锐减，居民重金属中毒和怪病多发
51	广西龙江河镉污染	2012	广西金河矿业股份有限公司等企业违法排放含镉量约 20 吨的工业污水	龙江河被污染约 300 公里，大量鱼苗和成鱼死亡，威胁 300 多万市民正常生活
52	江苏镇江自来水污染	2012	停靠镇江的韩国籍货轮违规排放含苯酚污染物	镇江市自来水水源受严重污染，危害居民饮水
53	洞庭湖江豚连续死亡	2012	大量污染物排入洞庭湖，江豚赖以生存的水体环境不断恶化	一个多月内洞庭湖 12 头江豚连续死亡
54	广东松木山水库死鱼	2012	东莞松木山水库周围工业区、农业生产区大量排放污染物	松木山水库水质恶化，大量鱼类死亡
55	广西华银铝业泥浆泄漏	2012	广西华银铝业公司发生排泥库泥浆泄漏	43 户农民受灾，1 000 亩农田被淹没
56	四川什邡环保冲突	2012	什邡民众担心四川宏达股份钼铜项目引发环境污染	因环保发生群体性冲突事件，影响当地社会治安
57	江苏启东环保抗议	2012	启动民众担心日本王子纸业在启东入海口排污污染海域环境	发生大规模群体性环境冲突事件，影响社会稳定
58	浙江宁波镇海环保示威	2012	镇海民众担心中石化镇海炼化二甲苯项目污染环境	发生群体性冲突事件，影响社会秩序

　　综观上述环境污染事件，我们不难发现，一方面，除了个别事故缘于企业安全意识淡漠或疏于安全管理，客观上，大部分污染事件可直接归因于相关企业为了追求利润最大化、环境成本外部化，从而不惜违法或违规排放含有害或有毒物质污染物；另一方面，大部分事件的危害集中表现为居民饮用水安全与生命健康受到威胁，田地减产或绝收，野生保护动物与养殖动物大量死亡，生态环境整合功能下降，破坏社会稳定。必须说明的是，表面上看，这一系列环境污染事件似乎不都与对外贸易相关，但实质上，经济增长通常是由消费、投资与对外贸易等多种因素共同推动的，对外贸易通过经济规模、产业结构、技术进步或创新等途径对生态环境系统产生影响，事实上，改革开放以来的 30 多年，尤其是加入 WTO 以来的 10 多年，对外贸易对中国经济增长和社会成长的贡献是不言而喻的，因此，从间接意义上说，我国环境污染事件的多发与贸易扩张有着不可辩驳的联系，或者至少可以说，贸易扩张在一定程度上加速了环境污染事件的频发爆发。

　　从许多发达国家贸易扩张的历史经验来看，对外贸易的确可以给人们带来对未来社会的美好憧憬与预期，但在实际层面，贸易扩张也会充满许多陷阱，其中的一个陷阱之一就是资源与环境陷阱。近年来，学术界关于中国是否成为"污染天堂"的研究可谓汗牛充栋，尽管结论并不一致，但事实上，如果不尽快遏制环境污染，一场严重的环境危机可能将难以避免。从某种意义上说，企业是资本的化身，我们完全寄希望于企业自觉进行环境规制显然过于理想化，因此，将环境污染的责任完全归于企业也是不切实际的，那么，我们不禁要问，环境污染的深层次根源到底在哪里？对此，我们需要思考并回答一个最为重要的问题：对不同利益相关者来说，非正常排放污染物意味着什么？一般来说，环境污染主要涉及政府环境管理部门、环境评估与监测机构、企业、当地居民五类利益相关者，他们对环境问题的认知和基于特定认知的行为决定了中国环境质量的优劣。基于相关经验性事实，结合我们对东部沿海地区典型环境污染事件的实地调查与访谈，笔者发现较多环境污染本质上是利益驱动和 GDP 中心主义共同作用下个别企业、环境评估与监测机构与政府个别官员以牺牲居民权益或公共利益为代价的隐性共谋的副产品，① 特别是当一个地区处于低收入或中等收入水平，人们的环境质量偏好大于物质利益偏好的时候，这种共谋往往会变得顺理成章。

　　基于此，可以发现，近年来，中国环境污染加剧的深层次根源在于地方政绩评价体系中的 GDP 主义至上价值观。通常，GDP 主义又会派生出四个具体原因：第一，GDP 的高低往往成为政府重要官员晋升的必要条件，如果一个地区 GDP 不显著增长，其主政官员往往不被看好，当然，主政官员自己也很清楚短期内环境治理相对经济增长而言难以见效，且难度大、复杂程度高，因此，地方政府为了追求 GDP，一般会不自觉地放松环境规制，或有意放纵企业环境污染行为，环境规制措施严重缺失或不够完善也就不足为怪了；第二，部分企业就会像一个被惯坏的孩子凭借对地方经济增长的贡献而有恃无恐地违法或违规排放污染物，从而降低环境成本，为自身谋取丰厚利润；第三，个别环境评估与监测机构为了自身利益最大化，又常常倾向于降低评估和监测标准，为企业环境污染铺路；第四，当地方经济不景气，社会就业较为困难，居民收入水平不够理想的情况下，民众最初对企业环境污染行为的容忍度较高，客观上也为其他利益相关者实现隐性共谋提供了机会。

---

　　① 隐性共谋是相对于显性共谋而言的，显性共谋一般是非法的，但隐性共谋一旦被受害者发觉也很难被证实。

第4章 对外贸易的环境效应

在改革开放初、中期，对外贸易对环境的影响往往被日趋繁荣的经济增长和民众日益增长的物质利益需求所掩盖。随着经济体制改革的逐步深化，对外贸易扩张所引致的环境负效应日益显著，改善环境质量的社会诉求异常强烈。从而，研究出口贸易的环境效应，并探讨其行业差异与区际差异，对进一步优化贸易政策和环境规制方略具有十分重要的现实意义。从而，根据中国工业行业数据与中国省际工业数据[①]，建立面板计量模型，着重探讨我国出口贸易的环境效应，并分析其行业差异与区际差异，以期为我国出口贸易管理与相关环境规制提供些许理论依据。[②]

4.1 基本模型

受格罗斯曼与克鲁格（1991，1995）、安特卫勒（Autweiler，2001）研究范式与基本框架的启示，我们假定不存在区际污染扩张与转移，全国污染排放量等于各地区污染排放量的总和，若用 P 表示所选 14 个工业行业或全国 31 个省份（包含直辖市、自治区）出口贸易所引致的总污染排放量，则有：

$$P = \sum_{i=1}^{k} P_i \qquad (4-1)$$

式（4-1）中 i 表示某个具体行业或省份，k 为所考察的行业或省份个数，P_i 为某个具体行业或省份出口贸易所引致的污染排放量。由于 $P_i =$

---

① 限于数据可得性，实证研究不考虑中国台湾、香港与澳门特别行政区。

② 本章图表所涵盖的各项统计指标主要依据《中国统计年鉴》、《中国环境年鉴》、《中国工业经济统计年鉴》、《中国海关统计年鉴》、《中国对外经贸统计年鉴》原始数据计算所得。

$X_i e_i$，则：

$$P = \sum_{i=1}^{k} X_i e_i \qquad\qquad (4-2)$$

式（4-2）X_i 为 i 行业或省份出口贸易额，e_i 表示 i 行业或省份污染密集度①。为了研究出口贸易结构变动对环境的影响，对式（4-2）右边予以变换，即乘以 X 再除以 X，X 表示各行业或省份出口贸易总量，则有：

$$P = \sum_{i=1}^{k} \frac{X_i}{X} e_i X \qquad\qquad (4-3)$$

将 $\frac{X_i}{X}$ 记为 s_i，则：

$$P = \sum_{i=1}^{k} s_i e_i X \qquad\qquad (4-4)$$

其中，P 反映环境质量水平；s_i 反映出口贸易结构；e_i 反映环境技术进步水平；X 反映出口贸易规模。那么，总污染排放量的变化可以表示为：

$$P' = \sum_{i=1}^{k} s'_i e_i X + \sum_{i=1}^{k} s_i e'_i X + \sum_{i=1}^{k} s_i e_i X' \qquad (4-5)$$

其中，P'、s'、e'、X' 分别表示变量 P、s、e、X 的一阶导数，分别反映环境质量水平、出口贸易结构、环境技术进步水平、出口贸易总规模变化情况。等式右边第一项表示出口贸易对环境影响的结构效应，即出口贸易结构变化导致污染排放总量的变化；第二项表示出口贸易对环境影响的技术效应，即环境技术进步水平（污染密集度）变化导致污染排放总量的变化；第三项表示出口贸易对环境影响的规模效应，即出口贸易规模变化导致污染排放总量的变化。

---

① 污染密集度也称污染强度，其内涵为单位产值中所包含的污染物排放量，是衡量经济活动与环境效率的重要技术参数。本章所测算的污染密集度 = 污染物排放量/工业总产值（当年价格）。废水、废气、固体废物污染排放量依据《中国环境年鉴》、《中国工业经济统计年鉴》相关数据计算所得；出口额源于《中国统计年鉴》与《中国海关统计年鉴》。

4.2　中国出口贸易的环境效应：基于工业行业视角分析

4.2.1　资料来源及其处理

鉴于统计口径的不一致及其数据的可获得性，本部分实证研究主要针对工业行业，并不涉及第一产业、第三产业和第二产业中的建筑业，也不考虑跨越国境或地区的污染以及中间产品污染问题，而且研究对象限于1992～2006 年国有及国有规模以上（年销售收入 500 万元以上）的工业企业。工业总产值源于《中国工业经济统计年鉴》、《中国统计年鉴》[①]，污染排放物源于《中国环境年鉴》，进出口数据源于《中国海关统计年鉴》、《中国对外经济统计年鉴》。

由于《中国海关统计年鉴》、《中国对外经济统计年鉴》进出口商品分类标准不统一，从而导致相关数据的匹配性较弱。为了规避这一缺陷，研究数据仅涵盖 14 种主要工业行业，涉及采矿业和制造业两大门类，包括 28 个大类[②]，不涉及数据匹配性较弱或无法获取数据的"印刷业和记录媒介的复制"、"石油加工、炼焦及核燃料加工业"、"化学纤维制造业"和"电力、热力、燃气、水的生产和供应业"。

根据中国《国民经济行业分类》（GB/T4754 — 2002），它们的名称及其行业代码分别为：采矿业（B06 – 11），食品、饮料和烟草制造业（C13 – 16），纺织业、纺织服装、鞋、帽制造业（C17 – 18），皮革、毛皮、羽毛（绒）及其制品业（C19），造纸及纸制品业（C22），化学原料及化学制品制造业（C26），医药制造业（C27），橡胶制品业（C29），塑料制品业（C30），非金属矿物制品业（C31），黑色金属冶炼及压延加工业（C32），有色金属冶炼及压延加工业（C33），金属制品业（C34），机械、电气、电子设备、交通运输设备制造业（C35 – 37/C39 – 41）。其中，

---

① 2004 年的分行业工业总产值数据无法获得，采取均值来表征。

② B 代表采矿业，C 代表制造业，B、C 后的数字代表大类。

B06-11 包括煤炭开采和洗选业、石油和天然气开采业、黑色金属矿采选业、有色金属矿采选业、非金属矿采选业、其他采矿业，C13-16 包括农副食品加工业、食品制造业、饮料制造业及烟草制造业，C35-37/C39-41 包括普通机械制造业、专用设备制造业、交通运输设备制造业、电气机械及器材制造业、通信设备、计算机及其他电子设备制造业、仪器仪表及文化、办公用机械制造业。

4.2.2　中国主要工业行业污染密集度变化趋势

污染密集度也称污染强度，它是研究一国或地区对外贸易的环境效应的关键指标，其内涵为单位产值中所包含的污染物排放量，是衡量经济活动与环境效率的重要技术参数。我们以 1992 年、1993 年、1994 年三年污染密集度的算术平均值作为初始标准，来反映中国主要工业行业出口贸易对环境影响的初始状态，以 2003 年、2005 年、2006 年三年污染密集度的算术平均值反映中国主要工业行业出口贸易对环境影响的现状（见表 4-1）。

表 4-1　　　　1992~2006 年中国主要工业行业污染密集度（Ei）

单位：吨/百万元人民币

时间 代码	1992~ 1994 年	1995 年	1996 年	1997 年	1998 年	1999 年	2000 年	2001 年	2002 年	2003~ 2006 年
B06-11	1 308.06	794.33	654.76	717.59	1 050.30	922.69	737.34	679.38	642.66	359.10
C13-16	66.13	40.68	34.21	32.54	32.08	29.28	27.65	22.98	21.93	14.58
C17-18	15.16	9.93	7.39	9.11	8.21	7.71	6.99	7.34	6.54	4.90
C19	9.39	3.79	5.32	7.82	7.54	10.67	6.01	5.57	5.77	2.30
C22	166.29	105.98	87.23	106.39	96.35	99.44	75.79	65.78	56.09	42.71
C26	148.22	130.61	115.95	112.40	112.24	104.99	89.49	93.64	86.60	65.84
C27	40.58	27.27	20.05	19.90	16.77	16.33	11.89	13.13	9.66	7.62
C29	27.42	19.76	13.46	14.62	12.92	10.88	10.34	8.84	7.67	5.43
C30	5.47	3.88	2.02	2.61	2.15	1.43	1.70	1.67	1.50	0.96
C31	90.73	62.10	40.84	103.21	96.75	88.82	77.10	79.63	60.94	49.50
C32	332.59	316.86	299.23	338.85	290.98	271.06	259.95	212.17	221.47	134.00

续表

时间　代码	1992~1994年	1995年	1996年	1997年	1998年	1999年	2000年	2001年	2002年	2003~2006年
C33	240.78	195.30	156.38	180.00	155.52	171.35	140.29	193.51	142.87	72.55
C34	7.08	4.76	3.83	4.41	5.12	5.22	3.49	2.99	3.46	2.41
C35-37/C39-41	14.99	8.02	7.03	6.61	6.08	4.82	3.50	3.12	2.91	1.76

　　从表 4-1 可见，1992~1994 年，污染密集度最高的是采矿业，高达 1 308.06 吨/百万元，最低的为塑料制品业，达 5.47 吨/百万元。污染密集度排名前五位的分别是采矿业、黑色金属冶炼及压延加工业、有色金属冶炼及压延加工业、造纸及纸制品业、化学原料及化学制品制造业，这些行业的污染密集度大大超过 100 吨/百万元，生产效率与污染处理或控制水平较低。经过十多年的发展，到 2003~2006 年，污染密集度排名前五位的行业变为采矿业、黑色金属冶炼及压延加工业、有色金属冶炼及压延加工业、化学原料及化学制品制造业、非金属矿物制品业，与 1992~1994 年相比，虽然前三位没有变化，但造纸及纸制品业、化学原料及化学制品制造业进展很快。同时，图 4-1 显示重污染行业的污染密集度呈显著下降趋势，譬如采矿业的污染密集度由 1 308.06 吨/百万元减少到 359.1 吨/百万元，下降 72.5%；造纸及纸制品业由 166.29 吨/百万元减少到 42.71 吨/百万元，下降 74.3%。

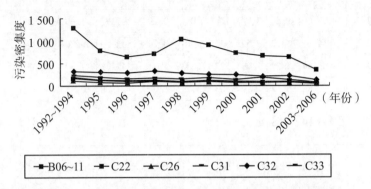

图 4-1　1992~2006 年中国重污染行业污染密集度变化趋势

4.2.3 出口贸易的环境效应及其行业差异实证分析

4.2.3.1 出口贸易对环境影响的结构效应

基于模型结合出口份额变化率、污染密集度与出口总量，我们可以考察中国主要工业行业出口贸易对环境影响的结构效应，测算结果如表4-2所示。

表4-2 中国主要工业行业出口贸易对环境影响的结构效应

行业代码	1992~1994年 x_i（亿元）	1992~1994年 s_i（%）	2003~2006年 x_i（亿元）	2003~2006年 s_i（%）	s_i'（%）	e_i（1992~1994年）	$s_i e_i$ 1992~1994年	$s_i e_i$ 2003~2006年	$s_i' e_i X$（万吨）
B06－B11	340.45	5.95	1 491.04	2.92	－3.03	1 308.06	77.83	10.49	－2 268.50
C13－C16	240.03	4.19	884.07	1.73	－2.46	66.13	2.77	0.25	－93.11
C17－C18	2 320.21	40.54	10 202.00	20.00	－20.54	15.16	6.15	0.98	－178.23
C19	289.72	5.06	1 260.38	2.47	－2.59	9.39	0.48	0.06	－13.92
C22	43.09	0.75	406.44	0.80	0.05	166.29	1.25	0.34	4.76
C26	309.14	5.40	2 384.08	4.67	－0.73	148.22	8.00	3.07	－61.93
C27	30.43	0.53	103.23	0.20	－0.33	40.58	0.22	0.02	－7.66
C29	26.26	0.46	417.65	0.82	0.36	27.42	0.13	0.04	5.65
C30	139.26	2.43	1 351.44	2.65	0.22	5.47	0.13	0.03	0.69
C31	106.60	1.86	1 048.13	2.05	0.19	90.73	1.69	1.01	9.87
C32	184.07	3.22	1 523.32	2.98	－0.24	332.59	10.70	3.99	－45.69
C33	185.36	3.24	933.52	1.83	－1.41	240.78	7.80	1.33	－194.32
C34	292.88	5.12	2 104.80	4.12	－1.00	7.08	0.36	0.10	－4.05
C35－C37/ C39－C41	1 216.10	21.25	26 924.90	52.80	31.55	14.99	3.19	0.93	270.69
总计（∑）	5 723.60		51 035.00				120.69	22.64	－2 575.75

表4-2反映出中国主要工业行业结构开始向环境友好型方向发展，污染密集度较大的行业出口份额都有不同程度的下降，譬如采矿业下降3.03个百分点、黑色金属冶炼及压延加工业下降0.24个百分点、有色金属冶炼及压延加工业下降1.41个百分点，而机械、电气、电子设备及交通运输设备制造业出口份额却显著提高31.55个百分点。从加权污染密集度变化角度来考察，1992~1994年期间加权污染密集度总和为120.69吨/百万元，到2003~2006年期间这一指标下降到22.64吨/百万元，降幅达到81.2%。从结构效应上看，从1992~2006年，由于各个行业出口份额的变化，污染物排放量共减少2 575.75万吨。其中采矿业，有色金属冶炼及压延加工业，纺织业、纺织服装、鞋、帽制造业，食品、饮料和烟草制造业污染物排放量分别显著减少2 268.50万吨、194.32万吨、178.23万吨、93.11万吨。

由上述分析可见，中国主要工业行业出口贸易的快速增长没有出现令人悲观的"向环境标准底线赛跑"现象，相反，出口结构的优化导致出口贸易对环境产生了相对积极的效应。

4.2.3.2 出口贸易对环境影响的技术效应

基于模型结合出口份额、污染密集度变化量与出口总量，我们可以考察中国主要工业行业出口贸易对环境影响的技术效应，测算结果如表4-3所示。

表4-3　　中国主要工业行业出口贸易对环境影响的技术效应

行业代码	1992~1994年		e_i（吨/百万元）		e_i变化百分比（%）	e_i'（吨/百万元）	$s_i e_i' X$（万吨）
	x_i（亿元）	s_i（%）	1992~1994年	2003~2006年			
B06-B11	340.45	5.95	1 308.06	359.10	-72.55	-948.96	-3 231.72
C13-C16	240.03	4.19	66.13	14.58	-77.95	-51.55	-123.63
C17-C18	2 320.21	40.54	15.16	4.90	-67.68	-10.26	-238.07
C19	289.72	5.06	9.39	2.30	-75.51	-7.09	-20.53
C22	43.09	0.75	166.29	42.71	-74.32	-123.58	-53.05
C26	309.14	5.40	148.22	65.84	-55.58	-82.38	-254.62

行业代码	1992～1994年		e_i（吨/百万元）		e_i 变化百分比（%）	e_i'（吨/百万元）	$s_i e_i' X$（万吨）
	x_i（亿元）	s_i（%）	1992～1994年	2003～2006年			
C27	30.43	0.53	40.58	7.62	−81.22	−32.96	−10.00
C29	26.26	0.46	27.42	5.43	−80.20	−21.99	−5.79
C30	139.26	2.43	5.47	0.96	−82.45	−4.51	−6.27
C31	106.60	1.86	90.73	49.50	−45.44	−41.23	−43.89
C32	184.07	3.22	332.59	134.00	−59.71	−198.59	−366.00
C33	185.36	3.24	240.78	72.55	−69.87	−168.23	−311.97
C34	292.88	5.12	7.08	2.41	−65.96	−4.67	−13.69
C35－C37/C39－C41	1 216.10	21.25	14.99	1.76	−88.26	−13.23	−160.91
总计（$\sum$）	5 723.60						−4 840.14

从表 4－3 可以发现 2003～2006 年相对于 1992～1994 年各行业污染密集度均大幅下降，其中机械、电气、电子设备、交通运输设备制造业降幅最大，高达 88.26%，即使下降幅度最小的非金属矿物制品也达到45.44%。从技术效应角度看，所有行业污染物排放量均有所减少，十多年来所选主要工业行业共减少污染排放量 4 840.14 万吨，仅采矿业就减排 3 231.72 万吨。可见，技术进步导致出口贸易对环境产生了显著正效应。

4.2.3.3 出口贸易对环境影响的规模效应

严格地说，对外贸易对环境影响的规模效应包括直接规模效应和间接规模效应[①]两个方面，我们所研究的规模效应仅指直接规模效应，即指由于出口规模的变化而引起的污染物排放量的变化。

2003～2006 年相对 1992～1994 年，各行业出口贸易急剧扩张，出口

---

① 间接规模效应主要指贸易规模扩大通过价格机制导致资源配置效率以及环境成本的变化。

额成倍增长，机械、电气、电子设备及交通运输设备制造业增长最快，高达 2 112.60%，橡胶制造业次之，达到 1 490.40%；即使出口增长最慢的医药制造业，增幅也高达 239.24%，食品、饮料和烟草制造业次之，为 268.32%。我们基于模型结合各行业出口份额、污染密集度与出口总量变化量可以考察中国主要工业行业出口贸易对环境影响的技术效应，测算结果如表 4 - 4 所示。从规模效应来看，出口规模的扩大引起各行业污染物排放量均有所增加，其中采矿业、黑色金属冶炼及压延加工业、化学原料及化学制品制造业较大，分别到达 35 265.67 万吨、4 852.58 万吨、3 626.67 万吨，由规模效应引起的污染物排放量累计达 54 687.57 万吨，这充分表明这些行业出口贸易对环境影响的规模负效应显著，即出口贸易的增长越来越受到环境承载力的约束。

表 4 - 4　　　中国主要工业行业出口贸易对环境影响的规模效应

行业代码	1992 ~ 1994 年		2003 ~ 2006 年		x_i 变化率 (%)	e_i (1992 ~ 1994 年)	$s_i e_i X'$ (万吨)
	x_i (亿元)	s_i (%)	x_i (亿元)	s_i (%)			
B06 - B11	340.45	5.95	1 491.04	2.92	337.96	1 308.06	35 265.67
C13 - C16	240.03	4.19	884.07	1.73	268.32	66.13	1 255.51
C17 - C18	2 320.21	40.54	10 202.00	20.00	339.70	15.16	2 784.78
C19	289.72	5.06	1 260.38	2.47	335.03	9.39	215.29
C22	43.09	0.75	406.44	0.80	843.25	166.29	565.11
C26	309.14	5.40	2 384.08	4.67	671.20	148.22	3 626.67
C27	30.43	0.53	103.23	0.20	239.24	40.58	97.45
C29	26.26	0.46	417.65	0.82	1490.40	27.42	57.15
C30	139.26	2.43	1 351.44	2.65	870.44	5.47	60.23
C31	106.60	1.86	1 048.13	2.05	883.24	90.73	764.67
C32	184.07	3.22	1 523.32	2.98	727.58	332.59	4 852.58
C33	185.36	3.24	933.52	1.83	403.63	240.78	3 534.87
C34	292.88	5.12	2 104.80	4.12	618.66	7.08	164.25
C35 - C37/ C39 - C41	1 216.10	21.25	26 924.90	52.80	2 112.60	14.99	1 443.34
总计 ($\sum$)	5 723.60		51 035.00				54 687.57

表 4 - 4 显示，自 1992 年以来，中国主要工业行业出口贸易的快速增长对生态环境产生的影响存在显著的结构正效应、技术正效应与规模负效应，各行业由于结构效应、技术效应累计减少污染物排放量 7 415.89 万吨①，由于规模效应增加污染物排放量 54 687.57 万吨，规模负效应远远超过了结构正效应与技术正效应之和，两者相抵，仍增加 47 271.68 万吨污染物排放量。尽管我们没有考虑中国贸易方式结构的特殊性和非国有及国有规模以上的企业可能会高估或低估污染密集度，但上述结论对于中国加强与贸易有关的环境规制仍然具有重要的参考意义。

4.3 中国各地区工业污染密集度及其出口环境效应测度

4.3.1 各地区工业污染密集度变化趋势

我们以 1997、1998、1999 年三年污染密集度的算术平均值作为初始标准，来反映中国各地区工业出口贸易对环境影响的初始状态，以 2008 年、2009 年、2010 年三年污染密集度的算术平均值反映中国各地区工业出口贸易对环境影响的现状。污染密集度测算结果见表 4 - 5。

表 4 - 5　　　　1997～2010 年中国各地区工业污染密集度 (e_i)

单位：万吨/亿元人民币

地区	1997～1999 年	2000 年	2001 年	2002 年	2003 年	2004 年	2005 年	2006 年	2007 年	2008～2010 年
北京	17.79	9.48	11.79	6.02	3.76	2.33	2.03	1.41	1.08	0.84
天津	8.61	6.95	22.43	6.81	5.50	3.83	4.61	2.85	2.27	1.55
河北	26.47	28.28	59.62	26.89	20.59	14.16	12.81	10.74	8.35	5.44
山西	35.50	33.14	40.37	22.87	16.58	10.02	8.98	9.52	7.08	5.71

---

① 结构效应（-2 575.75 万吨）+ 技术效应（-4 840.14 万吨）= -7 415.89 万吨。

续表

地区	1997～1999 年	2000 年	2001 年	2002 年	2003 年	2004 年	2005 年	2006 年	2007 年	2008～2010 年
内蒙古	34.55	32.47	37.16	26.01	20.21	11.92	10.87	8.88	6.23	4.21
辽宁	30.41	27.48	36.71	20.52	15.96	11.03	10.68	7.62	6.01	3.25
吉林	28.21	23.25	24.76	16.80	12.45	10.04	11.53	8.88	6.61	4.14
黑龙江	28.77	22.52	26.79	20.56	18.37	12.25	10.28	8.97	6.94	5.26
上海	17.45	11.90	20.43	8.59	6.07	3.99	3.37	2.72	2.24	1.62
江苏	19.95	19.63	88.30	19.23	13.95	9.11	9.24	7.11	5.18	3.51
浙江	17.67	20.89	133.77	17.38	13.23	7.90	8.44	6.96	5.68	4.79
安徽	29.49	39.73	59.80	32.05	25.73	16.04	14.85	12.72	10.02	5.71
福建	20.66	22.88	85.70	22.49	20.47	15.79	16.57	13.18	11.29	8.16
江西	46.12	50.24	59.79	43.77	38.31	22.50	20.51	16.86	12.80	7.58
山东	14.57	13.96	33.39	9.87	8.00	5.55	4.87	4.01	3.58	2.82
河南	26.12	32.35	56.10	27.63	22.16	13.29	12.39	9.93	7.02	5.19
湖北	32.16	35.79	49.31	28.30	24.74	18.92	15.86	12.82	9.98	6.09
湖南	64.44	70.69	96.69	54.48	48.66	29.15	26.50	16.95	12.39	7.09
广东	10.61	9.29	35.51	9.00	7.03	5.31	6.53	5.33	4.53	2.81
广西	74.86	83.60	143.89	84.55	85.42	56.29	58.61	39.62	41.13	25.64
海南	35.92	35.31	49.16	27.47	21.82	16.33	15.98	11.72	6.11	5.61
重庆	59.44	89.11	126.19	66.19	52.52	32.56	34.35	27.50	16.32	9.14
四川	43.17	58.71	89.43	44.72	37.06	23.63	20.92	15.52	11.27	6.29
贵州	48.67	36.43	43.45	25.20	21.16	13.44	11.72	9.63	7.23	5.70
云南	37.03	36.09	38.62	28.15	24.49	18.14	14.51	11.89	9.89	7.38
西藏	188.85	62.28	91.54	55.00	28.91	40.54	36.63	23.98	20.84	16.59
陕西	30.28	28.41	30.00	22.25	19.48	12.95	13.99	10.22	9.51	6.16
甘肃	42.86	30.40	31.04	20.74	20.08	12.09	9.62	7.74	5.85	4.83
青海	28.18	25.55	28.11	18.82	15.52	10.49	17.04	12.61	10.30	8.01
宁夏	45.76	47.95	56.65	44.82	32.25	16.85	33.03	22.51	20.72	14.76
新疆	27.33	18.92	23.78	19.05	15.77	11.39	10.18	8.28	7.03	6.11

由表 4-5 可见，1997~1999 年，污染密集度最高的是西藏，高达 188.85 万吨/亿元，最低的为天津，达 8.61 万吨/亿元。污染密集度排名前十位的分别是西藏、广西、湖南、重庆、贵州、江西、宁夏、四川、甘肃、云南，这些省份的污染密集度均高于 37.03 万吨/亿元，环境技术进步水平相对较低；污染密集度排名后十位的分别是河北、河南、福建、江苏、北京、浙江、上海、山东、广东、天津，这些省份的污染密集度均低于 26.47 万吨/亿元，环境技术进步水平相对较高，其中浙江位列全国第五。

经过十多年的发展，到 2008~2010 年，总体而言，污染密集度均有所下降，北京最低，仅达 0.84 万吨/亿元；广西最高，仍高达 25.64 万吨/亿元。目前，污染密集度排名前十位的省份分别演变为：广西、西藏、宁夏、重庆、福建、青海、江西、云南、湖南、四川，这些省份的污染密集度均高于 6.29 万吨/亿元，环境技术进步水平提高缓慢；排名后十位的省份分别演变为：浙江、内蒙古、吉林、江苏、辽宁、山东、广东、上海、天津、北京，这些省份的污染密集度均低于 4.79 万吨/亿元，环境技术进步水平大大提高，但浙江的环境技术进步相对滞后，位列全国第十，与甘肃相当。

4.3.2 各地区出口贸易的环境效应测度及其统计性描述

4.3.2.1 结构效应测度

由式（4-5）所示，出口份额变化率、污染密集度与出口总量的乘积即为结构效应，据此笔者测算出中国各地区工业出口贸易对环境影响的结构效应，具体结果如表 4-6 所示。

从表 4-6 可以发现：

首先，20 个省份的工业出口份额呈现不同程度的下降趋势，其中广东、福建、辽宁、北京的降幅较大，分别下降 11.66、1.64、1.45、1.05 个百分点，其余 16 个省份下降幅度都低于 1 个百分点；另外，11 个省份的工业出口份额呈现不同程度的上升趋势，其中江苏、浙江、上海的升幅较大，分别提高 8.71、5.86、2.51 个百分点，其余 8 个省份上升幅度均低于 1 个百分点。其次，所有省份的加权污染密集度均显著下降，1997 ~ 1999 年加权污染密集度总和为 1 774.26 吨/百万元，到 2008 ~ 2010 年这一指标下降到 364.50 吨/百万元，降幅达到 79.46%。

表 4 - 6　　　中国各地区工业出口贸易对环境影响的结构效应

省份	1997 ~ 1999 年		2008 ~ 2010 年		s_i' (%)	e_i (万吨/亿元)	$s_i e_i$ (万吨/亿元)		$s_i' e_i X$ (万吨)
	X_i (亿元)	S_i (%)	X_i (%)	S_i (%)		1997 ~ 1999 年	1997 ~ 1999 年	2008 ~ 2010 年	
北京	513.90	3.32	2 160.70	2.27	-1.05	17.79	59.06	1.91	-2 895.54
天津	469.84	3.03	2 504.69	2.61	-0.42	8.61	26.09	4.05	-560.55
河北	218.42	1.41	1 742.70	1.80	0.39	26.47	37.32	9.79	1 600.23
山西	143.11	0.93	578.26	0.59	-0.34	35.50	33.02	3.37	-1 870.99
内蒙古	49.55	0.32	292.19	0.31	-0.01	34.55	11.06	1.31	-53.56
辽宁	658.75	4.25	2 689.91	2.80	-1.45	30.41	129.24	9.10	-6 835.15
吉林	103.64	0.67	291.78	0.30	-0.37	28.21	18.90	1.24	-1 617.96
黑龙江	189.36	1.23	551.68	0.57	-0.66	28.77	35.39	3.00	-2 943.39
上海	1 344.42	8.66	10 722.11	11.17	2.51	17.45	151.12	18.10	6 789.426
江苏	1 351.15	8.70	16 749.11	17.41	8.71	19.95	173.57	61.11	26 935.50
浙江	993.94	6.40	11 787.20	12.26	5.86	17.67	113.09	58.73	16 050.85
安徽	129.86	0.84	687.30	0.72	-0.12	29.49	24.77	4.11	-548.56
福建	893.19	5.77	3 962.08	4.13	-1.64	20.66	119.21	33.70	-5 252.16
江西	81.40	0.53	619.04	0.64	0.11	46.12	24.44	4.85	786.40
山东	973.07	6.28	6 609.70	6.88	0.60	14.57	91.50	19.40	1 355.11
河南	110.86	0.72	762.43	0.79	0.07	26.12	18.81	4.10	283.42
湖北	133.43	0.86	793.49	0.82	-0.04	32.16	27.66	4.99	-199.41
湖南	115.99	0.75	539.77	0.56	-0.19	64.44	48.33	3.97	-1 897.90
广东	6 377.68	41.16	28 314.07	29.50	-11.66	10.61	436.71	82.90	-19 176.90
广西	123.98	0.80	418.58	0.43	-0.37	74.86	59.89	11.03	-4 293.54
海南	54.82	0.36	127.10	0.13	-0.23	35.92	12.93	0.73	-1 280.64
重庆	42.53	0.27	375.13	0.39	0.12	59.44	16.05	3.56	1 105.67

省份	1997~1999年		2008~2010年		s_i' (%)	e_i（万吨/亿元）	s_ie_i（万吨/亿元）		$s_i'e_iX$（万吨）
	X_i（亿元）	S_i（%）	X_i（%）	S_i（%）		1997~1999年	1997~1999年	2008~2010年	
四川	102.87	0.67	789.13	0.83	0.16	43.17	28.92	5.22	1 070.70
贵州	35.83	0.23	143.73	0.15	-0.08	48.67	11.19	0.86	-603.55
云南	81.65	0.53	302.85	0.31	-0.22	37.03	19.63	2.29	-1 262.82
西藏	3.72	0.02	25.80	0.03	0.01	188.85	3.78	0.50	292.74
陕西	86.75	0.56	377.30	0.39	-0.17	30.28	16.96	2.40	-797.94
甘肃	30.07	0.19	88.20	0.09	-0.10	42.86	8.14	0.43	-664.38
青海	10.02	0.06	20.80	0.02	-0.04	28.18	1.69	0.16	-174.73
宁夏	20.31	0.13	97.43	0.10	-0.03	45.76	5.95	1.48	-212.80
新疆	57.03	0.36	959.49	1.00	0.64	27.33	9.84	6.11	2 711.34
总计	15 501.15		96 083.75				1 774.26	364.5	-2 895.54

再次，从结构效应看，20个省份显现积极的结构效应，即工业出口份额的变化引致污染物排放量减少，其中广东、辽宁、福建、广西、黑龙江、北京、湖南、山西、吉林、海南、云南等省减排量较大，分别减排污染物 19 176.9、6 835.15、5 252.16、4 293.54、2 943.39、2 895.54、1 897.9、1 870.99、1 617.96、1 280.64、1 262.82 万吨，其余9个省份减排量均在1 000万吨以下；另外，11个省份显现消极的结构效应，即工业出口份额的变化引致污染物排放量增加，其中江苏、浙江、上海、新疆、河北、山东、重庆、四川等省（区）增加较多，分别增排污染物 26 935.5、16 050.85、6 789.43、2 711.34、1 600.23、1 355.11、1 105.67、1 070.70 万吨，其余3个省份增排量均在1 000万吨以下。不难看出，少部分省份消极结构效应与大部分省份积极结构效应的共同作用，促使1997~2010年全国污染物排放量共减少2 895.54万吨。

由此可见，中国工业出口贸易的快速增长没有引致"向环境标准底线赛跑"的现象，出口贸易地区结构的变动导致出口贸易对环境产生了相对积极的效应。

4.3.2.2　技术效应测度

由式（4-5）所示，出口份额、污染密集度变动额与出口总量的乘积即为技术效应，据此笔者再测算出中国各省份工业出口贸易对环境影响的技术效应，具体结果如表4-7所示。

表4-7　　中国各地区工业出口贸易对环境影响的技术效应

省份	1997~1999 年		e_i（万吨/亿元）		e_i 变化率（%）	e_i'（万吨/亿元）	$s_i e_i' X$（万吨）
	X_i（亿元）	S_i（%）	1997~1999 年	2008~2010 年			
北京	513.90	3.32	17.79	0.84	-95.28	-16.95	-8 723.12
天津	469.84	3.03	8.61	1.55	-82.00	-7.06	-3 315.98
河北	218.42	1.41	26.47	5.44	-79.45	-21.03	-4 596.45
山西	143.11	0.93	35.50	5.71	-83.92	-29.79	-4 294.55
内蒙古	49.55	0.32	34.55	4.21	-87.81	-30.34	-1 504.98
辽宁	658.75	4.25	30.41	3.25	-89.31	-27.16	-17 893
吉林	103.64	0.67	28.21	4.14	-85.32	-24.07	-2 499.85
黑龙江	189.36	1.23	28.77	5.26	-81.72	-23.51	-4 482.51
上海	1 344.42	8.66	17.45	1.62	-90.72	-15.83	-21 250.2
江苏	1 351.15	8.70	19.95	3.51	-82.41	-16.44	-22 171
浙江	993.94	6.40	17.67	4.79	-72.89	-12.88	-12 777.9
安徽	129.86	0.84	29.49	5.71	-80.64	-23.78	-3 096.39
福建	893.19	5.77	20.66	8.16	-60.50	-12.50	-11 180.2
江西	81.40	0.53	46.12	7.58	-83.56	-38.54	-3 166.3
山东	973.07	6.28	14.57	2.82	-80.65	-11.75	-11 438.3
河南	110.86	0.72	26.12	5.19	-80.13	-20.93	-2 335.96
湖北	133.43	0.86	32.16	6.09	-81.06	-26.07	-3 475.39
湖南	115.99	0.75	64.44	7.09	-89.00	-57.35	-6 667.43
广东	6 377.68	41.16	10.61	2.81	-73.52	-7.80	-49 766.1
广西	123.98	0.80	74.86	25.64	-65.75	-49.22	-6 103.73
海南	54.82	0.36	35.92	5.61	-84.38	-30.31	-1 691.42

续表

省份	1997~1999 年		e_i（万吨/亿元）		e_i 变化率（%）	e_i'（万吨/亿元）	$s_i e_i' X$（万吨）
	X_i（亿元）	S_i（%）	1997~1999 年	2008~2010 年			
重庆	42.53	0.27	59.44	9.14	-84.62	-50.30	-2 105.21
四川	102.87	0.67	43.17	6.29	-85.43	-36.88	-3 830.27
贵州	35.83	0.23	48.67	5.70	-88.29	-42.97	-1 531.99
云南	81.65	0.53	37.03	7.38	-80.07	-29.65	-2 435.93
西藏	3.72	0.02	188.85	16.59	-91.22	-172.26	-534.046
陕西	86.75	0.56	30.28	6.16	-79.66	-24.12	-2 093.77
甘肃	30.07	0.19	42.86	4.83	-88.73	-38.03	-1 120.07
青海	10.02	0.06	28.18	8.01	-71.58	-20.17	-187.595
宁夏	20.31	0.13	45.76	14.76	-67.74	-31.00	-624.696
新疆	57.03	0.36	27.33	6.11	-77.64	-21.22	-1 184.16
总计（∑）	15 501.15						-218 078

从表 4-7 可以发现：

首先，2008~2010 年各省份污染密集度相对于 1997~1999 年均显著下降，其中，降幅位列前 10 名的北京、西藏、上海、辽宁、湖南、甘肃、贵州、内蒙古、四川、吉林等省份分别下降 95.28%、91.22%、90.72%、89.31%、89%、88.73%、88.29%、87.81%、85.43%、85.32%，即使下降幅度最小的福建省也达到 60.50%；环境技术进步相对差距逐步拉大，部分地区环境技术进步起色不大，譬如浙江省污染密集度下降 72.89%，下降幅度位列全国第 27 名，1997~1999 年期间浙江省污染密集度略高于上海、低于江苏，但经历十几年的发展，该指标却明显高于上海、江苏。

其次，从技术效应角度看，十多年来，所有省份污染物排放量均有所减少，全国各地区工业发展共减少污染物排放量 218 078 万吨，仅广东省就减排 49 766.1 万吨。可见，技术进步导致出口贸易对环境产生了显著正效应。

4.3.2.3 规模效应测度

严格地说，出口对环境影响的规模效应有直接和间接之分，[1] 笔者主要测度直接规模效应，即由于出口规模的变化而引起的污染物排放量的变化。

结合各地区出口份额、污染密集度与出口总量变化量可以考察中国各地区工业出口贸易对环境影响的规模效应，测算结果如表4-8所示。

表4-8　　　　中国各省工业出口贸易对环境影响的规模效应

省份	1997~1999 年		2008~2010 年		X_i 变化率（%）	e_i（万吨/亿元）1997~1999 年	$s_i e_i X'$（万吨）
	X_i（亿元）	S_i（%）	X_i（亿元）	S_i（%）			
北京	513.90	3.32	2 160.70	2.25	320.45	17.79	47 594.35
天津	469.84	3.03	2 504.69	2.61	433.09	8.61	21 022.63
河北	218.42	1.41	1 742.70	1.81	697.87	26.47	30 075.61
山西	143.11	0.92	578.26	0.6	304.07	35.50	26 318.28
内蒙古	49.55	0.32	292.19	0.3	489.69	34.55	8 909.21
辽宁	658.75	4.25	2 689.91	2.8	308.34	30.41	104 146.98
吉林	103.64	0.67	291.78	0.3	181.53	28.21	15 230.68
黑龙江	189.36	1.22	551.68	0.57	191.34	28.77	28 284.01
上海	1 344.42	8.67	10 722.11	11.16	697.53	17.45	121 914.64
江苏	1 351.15	8.72	16 749.11	17.43	1 139.62	19.95	140 184.73
浙江	993.94	6.41	11 787.20	12.27	1 085.91	17.67	91 271.65
安徽	129.86	0.84	687.30	0.72	429.26	29.49	19 961.60
福建	893.19	5.76	3 962.08	4.12	343.59	20.66	95 894.60
江西	81.40	0.53	619.04	0.64	660.49	46.12	19 697.29
山东	973.07	6.28	6 609.70	6.88	579.26	14.57	73 732.77

---

[1] 间接规模效应主要指贸易规模扩大通过价格机制导致资源配置效率以及环境成本的变化。

省份	1997～1999 年		2008～2010 年		X_i 变化率（%）	e_i（万吨/亿元）1997～1999 年	$s_i e_i X'$（万吨）
	X_i（亿元）	S_i（%）	X_i（亿元）	S_i（%）			
河南	110.86	0.72	762.43	0.79	587.74	26.12	15 154.69
湖北	133.43	0.86	793.49	0.83	494.69	32.16	22 287.22
湖南	115.99	0.75	539.77	0.56	365.36	64.44	38 945.58
广东	6 377.68	41.14	28 314.07	29.47	343.96	10.61	351 739.39
广西	123.98	0.8	418.58	0.44	237.62	74.86	48 259.31
海南	54.82	0.35	127.10	0.13	131.85	35.92	10 130.85
重庆	42.53	0.27	375.13	0.39	782.04	59.44	12 932.54
四川	102.87	0.66	789.13	0.82	667.11	43.17	22 959.76
贵州	35.83	0.23	143.73	0.15	301.14	48.67	9 020.50
云南	81.65	0.53	302.85	0.32	270.91	37.03	15 815.06
西藏	3.72	0.02	25.80	0.03	594.55	188.85	3 043.61
陕西	86.75	0.56	377.30	0.39	334.93	30.28	13 664.23
甘肃	30.07	0.19	88.20	0.09	193.32	42.86	6 562.16
青海	10.02	0.06	20.80	0.02	107.58	28.18	1 362.49
宁夏	20.31	0.13	97.43	0.1	379.71	45.76	4 793.70
新疆	57.03	0.37	959.49	1	1 582.43	27.33	8 148.59
总计（∑）	15 501.14	100.00	96 083.75	100.00			1 429 058.69

表 4-8 显示，2008～2010 年相对 1997～1999 年，各地区出口贸易急剧扩张，出口额成倍增长，新疆出口规模增长最快，高达 1 582.43%，江苏省次之，达到 1 139.62%；即使出口增长最慢的青海省，增幅也高达 107.58%；海南次之，为 131.85%。从规模效应来看，出口规模的扩大引起各地区污染物排放量均有所增加，其中广东、江苏、上海增量巨大，分别高达 351 739.39 万吨、140 184.73 万吨、121 914.64 万吨，由规模效应引起的污染物排放量累计达 1 429 058.69 万吨，这充分表明各地区工

业出口贸易对环境影响的规模负效应显著。整体看虽然由于结构效应、技术效应累计减少污染物排放量 220 973.54 万吨，但规模负效应远远超过了结构正效应与技术正效应之和，两者相抵，仍增加 47 271.68 万吨污染物排放量。

4.4　中国工业出口的环境效应区际差异计量分析

4.4.1　变量说明及其数据处理

计量分析涉及污染排放量、出口额、资本劳动比、授权专利数、教育投资额五个变量，记为 *PO*、*EX*、*CL*、*PA*、*ED*，计量单位分别为万吨、亿元人民币、亿元人民币/万人、项、亿元人民币。*PO* 为被解释变量，表征环境质量水平；*EX*、*CL*、*PA* 为解释变量，分别表征出口规模、出口结构、技术进步；*ED* 为控制变量，表征社会文化教育水平。其中，污染物排放量为废气污染物排放量、废水污染物排放量与固体废物污染物产生量之和，废气污染物主要包括废气中的二氧化硫、粉尘、烟尘，废水污染物主要包括废水中的汞、镉、六价铬、铅、砷、氰化物、挥发酚、化学需氧量、石油类、氨氮；出口额依据当年按货源地统计的出口值与平均汇率计算所得；资本劳动比为资产总值与年平均从业人员的商；授权专利数为发明与实用新型专利授权数之和，不包括外观设计；教育投资额为各项地方教育经费投入。由于出口额、授权专利数与教育投资额的统计口径存在一定不一致性，同时，为了消除样本数据剧烈波动与异方差的影响，我们分别对五个变量取对数，记为 $\ln PO$、$\ln EX$、$\ln CL$、$\ln PA$、$\ln ED$。

计量研究主要以中国大陆 31 个省级行政区（包含直辖市、自治区）为研究对象，鉴于工业污染较为严重以及研究数据的可得性，各序列变量主要涵盖 1997 ~ 2009 年工业部门。各变量数据根据《中国统计年鉴》、《中国工业经济统计年鉴》、《中国环境年鉴》、《中国海关统计年鉴》计算所得。由于同一年鉴不同时期的同一指标数据或不同年鉴的同一指标数据有些不一致，故笔者对部分数据进行了一定筛选与整合。

4.4.2 数据平稳性检验

根据所有截面序列是否具有相同单位根过程[①]，面板单位根检验分为同质和异质两种类型，前者包括 LLC、Breitung、Hadri 检验，后者包括 IPS、Fisher - ADF、Fisher - PP 检验。这些方法零假设与备择假设不尽相同，如果仅采用一种或一种以上相同性质的方法进行单位根检验将不尽合理。[②] 鉴于此，笔者选择 LLC、Fisher - ADF、Fisher - PP 三种检验统计量各异的方法进行检验，如果三种结论都平稳，则认为此序列是平稳的，反之均视为平稳性不确定。基于 Eviews6.0 软件的检验结果如表4 - 9所示。

表4 - 9　　　　　　　　面板数据变量单位根检验结果

序列变量	检验方法	检验方程形式	检验统计量	相伴概率	检验结果
$PO/$ ΔPO	LLC	N/IT	− 3.57357/ − 14.0600	0.2831/0.0000	不平稳/平稳
	Fisher - ADF	I/IT	95.9924/141.081	0.0037/0.0000	平稳/平稳
	Fisher - PP	I/IT	101.329/289.82	0.0012/0.0000	平稳/平稳
$EX/$ ΔEX	LLC	I/N	− 13.2059/ − 8.25993	0.0000/0.0000	平稳/平稳
	Fisher - ADF	I/N	118.064/146.330	0.0001/0.0000	平稳/平稳
	Fisher - PP	N/N	15.2367/163.039	1.0000/0.0000	不平稳/平稳
$CL/$ ΔCL	LLC	IT/IT	− 2.14393/ − 8.38560	0.0160/0.0000	平稳/平稳
	Fisher - ADF	N/IT	0.75468/82.5157	1.0000/0.0419	不平稳/平稳
	Fisher - PP	I/IT	0.04850/286.747	1.0000/0.0000	不平稳/平稳
$PA/$ ΔPA	LLC	N/IT	9.43808/ − 11.6542	1.0000/0.0000	不平稳/平稳
	Fisher - ADF	N/IT	3.19310/109.962	1.0000/ 0.0002	不平稳/平稳
	Fisher - PP	N/N	0.45483/93.8330	1.0000/0.0056	不平稳/平稳

---

① 相同单位根过程可以理解为所有截面个体自回归系数相同，反之亦反。

② 参阅易丹辉：《数据分析与 Eviews 应用》，中国人民大学出版社 2008 年版，第316页。

序列变量	检验方法	检验方程形式	检验统计量	相伴概率	检验结果
$ED/$ ΔED	LLC	N/IT	16. 1868/ − 5. 38434	1. 0000/0. 0000	不平稳/平稳
	Fisher – ADF	N/IT	1. 04596/ 98. 0542	1. 0000/ 0. 0024	不平稳/平稳
	Fisher – PP	N/IT	0. 40848/305. 570	1. 0000/0. 0000	不平稳/平稳

注：Δ 代表变量的一阶差分；检验结果均在 5% 的显著性水平下获取；IT/I 为检验方程外生回归量形式，IT 表示既包括截距项又包括趋势项，I 表示仅包括截距项，N 表示不包括截距项与趋势项。

综合比较 LLC、Fisher – ADF、Fisher – PP 三种方法的检验结果，从表 4 – 9 可见，原序列 PO、EX、CL、PA、ED 是不平稳的，但原序列变量的一阶差分是平稳的，从而为建模和计量分析奠定了基础。

4.4.3　计量模型的构建

为了避免模型设定的偏差，改进参数估计的有效性，我们首先进行 F 检验以确定模型的基本类型。[①]

首先，在系数值不随时间变化，即时间序列参数齐性的条件下，做出零假设 H_{01} 与 H_{02}：

H_{01}：$\beta_1 = \beta_2 = \cdots = \beta_N$；$H_{02}$：$a_1 = a_2 = \cdots = a_N$，$\beta_1 = \beta_2 = \cdots = \beta_N$

其次，利用协方差分析法构造检验统计量 F_1 与 F_2：

$$F_1 = \frac{(S_2 - S_1)/[(N-1)k]}{S_1/[NT - N(k+1)]} \sim F[(N-1)k, N(T-k-1)]$$

$$F_2 = \frac{(S_3 - S_1)/[(N-1)(k+1)]}{S_1/[NT - N(k+1)]} \sim F[(N-1)(k+1), N(T-k-1)]$$

其中，S_1，S_2，S_3 分别代表变系数模型、变截距模型、混合模型残差平方和；k 表示解释变量个数，N 表示截面个数，T 表示观测时期总数。F_2 与 F_1 在 H_{02} 与 H_{01} 下服从特定自由度的 F 分布。

---

① 根据截距项和系数向量各分量的限制条件，面板数据模型可划分为混合模型、变截距模型、变系数模型三种基本类型，同时基于固定效应、随机效应尚可派生出多种具体形式（孙敬水，2008）。

再次，计算 F_2 与 F_1 及其 F 临界值，若 F_2 小于给定置信度下相应临界值，则接受 H_{02}，适合构建混合模型；反之，拒绝 H_{02}，则需进一步检验 H_{01}；若 F_1 小于给定置信度下相应临界值，则接受 H_{01}，适合构建变截距模型，反之，拒绝 H_{01}，适合构建变系数模型。基于上述分析，我们可得：

$$F_2 = \frac{(267.1762 - 3.622188)}{\dfrac{\left[(31-1)(4+1)\right]}{3.622188}} = 105.2609 > F_{0.05}(150, 217)$$

因此，拒绝零假设 H_{02}，必须继续检验假设 H_{01}。

$$F_1 = \frac{(20.22598 - 3.622188)}{\dfrac{\left[(31-1)\times 4\right]}{3.622188}} = 8.2892 > F_{0.05}(120, 217)$$

同理，拒绝零假设 H_{01}，所以我们适合构建变系数面板数据模型。

另外，笔者采取豪斯曼（Hausman）检验判定变系数面板数据模型是否存在固定效应。豪斯曼检验卡方统计值为 12.175579，P 值为 0.0161，这表明，其在 0.05 的显著性水平下拒绝了原假设，则模型不存在随机效应。

基于 F 检验与豪斯曼检验结论，我们构建一个既存在个体影响，又体现结构变化的变系数固定效应面板数据模型如下：

$$\ln PO_{it} = (\alpha + \delta_i) + \beta_i \ln EX_{it} + \gamma_i \ln CL_{it} + \pi_i \ln PA_{it} + \omega_i \ln ED_{it} + \mu_{it}$$
$$(i = 1, \cdots, N; \ t = 1, \cdots, T) \qquad (4-6)$$

其中，α 表示总体效应，δ_i 表示截面固定效应，μ_{it} 为随机误差项，i 表示截面，t 表示观测时期。

4.4.4 协整检验

就一般时间序列而言，通常采用恩格尔－格兰杰（Engle－Granger）检验和约翰森（Johansen）检验，但是对于面板数据，这些方法无法适用。从而，佩德罗尼（Pedroni）开创性地将恩格尔－格兰杰（Engle－Granger）检验框架扩展到面板数据协整检验领域，并逐步得以推广。因此，我们选择佩德罗尼（Pedroni）检验对 1997～2009 年污染排放量、出口额、资本劳动比、授权专利数、教育投资额进行协整检验，其同质性备择与异质性备择的检验结果如表 4 - 10 所示。

表 4 - 10　　　　　　　佩德罗尼（Pedroni）检验结果

同质性备择结果组内维度统计值		异质性备择结果组间维度统计值	
Panel - PP 值	Panel - ADF 值	Group - PP 值	Group - ADF 值
- 4. 114909 （0. 0000）	- 3. 326246 （0. 0004）	- 7. 387370 （0. 0000）	- 3. 839149 （0. 0000）

注：括号内为相伴概率值。

表 4 - 10 左右两部分分别给出了相应统计量和相伴概率，由于我们面板数据呈现小样本、短时间序列特征，因此从 Panel - PP、Panel - ADF、Group - PP、Group - ADF 四个统计值及相伴概率不难看出，无论是基于同质性备择假设，还是基于异质性备择假设，佩德罗尼检验均拒绝了没有协整的零假设，即各变量间存在协整关系。

4.4.5　出口的环境效应区际差异

笔者采用 1997 ~ 2009 年中国 31 个地区的面板数据，通过截面加权广义最小二乘法对模型参数予以估计[①]。依据 Eviews6. 0 估计的一阶线性估计加权矩阵，我们得到相应 31 个地区的回归方程以及变系数固定效应面板数据模型的总体回归效果，经整理如表 4 - 11 所示。

表 4 - 11　　　　　　变系数固定效应模型回归估计结果

地区	常数项	lnEX 系数 及 t 值	lnCL 系数 及 t 值	lnPA 系数 及 t 值	lnED 系数 及 t 值
北京	10. 32131 + 8. 207956	- 0. 548751 （ - 2. 166170）**	0. 254476 （1. 015951）	- 0. 324552 （ - 2. 040213）**	- 0. 400971 （ - 4. 011467）***
天津	10. 32131 - 3. 960577	0. 313124 （2. 393860）**	- 0. 726856 （ - 1. 331784）	- 0. 175429 （ - 0. 667680）	0. 803600 （2. 173643）**

---

① 截面加权广义最小二乘法旨在通过分解总体方差协方差矩阵，然后再使用 OLS 估计，从而减少截面数据造成的异方差影响。

地区	常数项	lnEX 系数及 t 值	lnCL 系数及 t 值	lnPA 系数及 t 值	lnED 系数及 t 值
河北	10.32131 − 0.256240	0.075111 (0.395090)	− 0.005440 (− 0.030646)	− 0.121092 (− 0.526101)	0.280045 (0.668844)
山西	10.32131 + 2.883471	− 0.028948 (− 0.182643)	0.510693 (1.055499)	− 0.003927 (− 0.011907)	− 0.547274 (− 0.942107)
内蒙古	10.32131 + 0.218869	− 0.251315 (− 1.075340)	0.425311 (1.516827)	− 0.031865 (− 0.173417)	− 0.041187 (− 0.129608)
辽宁	10.32131 + 1.524251	0.316450 (2.124018)**	− 0.241203 (− 0.961545)	0.074300 (0.693990)	− 0.308725 (− 0.889102)
吉林	10.32131 − 2.031325	0.240742 (1.638348)	− 0.370594 (− 1.517481)	0.224724 (1.345819)	0.098831 (0.318475)
黑龙江	10.32131 + 4.463846	0.036328 (1.034469)	0.164770 (1.719010)*	− 0.209698 (− 2.947424)***	− 0.423052 (− 3.464964)***
上海	10.32131 + 3.970849	− 0.031332 (− 0.372889)	− 0.055643 (− 0.247612)	− 0.150346 (− 1.709085)*	− 0.194144 (− 1.683170)*
江苏	10.32131 − 3.252866	− 0.099129 (− 0.698314)	− 0.248618 (− 1.045131)	− 0.291902 (− 3.538013)***	1.160163 (3.567827)***
浙江	10.32131 − 4.242759	− 0.159939 (− 0.958931)	− 0.317666 (− 2.218380)**	0.085395 (1.179439)	0.924736 (4.479812)***
安徽	10.32131 + 0.829266	0.159883 (1.337982)	0.013723 (0.150894)	0.092417 (1.279068)	− 0.216262 (− 1.207271)
福建	10.32131 − 4.310705	0.232249 (1.965620)*	0.205479 (1.872576)*	− 0.209639 (− 2.977465)***	0.635832 (3.747848)***
江西	10.32131 + 0.017467	0.341567 (3.281047)***	0.007739 (0.060473)	− 0.141493 (− 1.020623)	− 0.024653 (− 0.153996)
山东	10.32131 + 0.298254	0.266621 (1.488408)	0.053118 (0.260668)	0.235479 (2.854486)***	− 0.389966 (− 1.476837)
河南	10.32131 − 1.308549	0.029786 (0.271534)	− 0.082037 (− 0.974727)	0.018108 (0.234897)	0.337408 (1.779788)*
湖北	10.32131 + 2.177533	0.046259 (0.530623)	− 0.097847 (− 0.875624)	0.040838 (0.452773)	− 0.158214 (− 1.004434)
湖南	10.32131 + 4.302608	− 0.149488 (− 1.577727)	0.240436 (2.448356)**	− 0.144893 (− 1.382237)	− 0.223620 (− 1.135791)
广东	10.32131 − 4.830547	0.558319 (2.751124)***	− 0.463267 (− 0.891473)	− 0.134337 (− 0.919851)	0.457823 (1.252097)

地区	常数项	lnEX 系数及 t 值	lnCL 系数及 t 值	lnPA 系数及 t 值	lnED 系数及 t 值
广西	10.32131 - 1.615990	0.200149 (1.484005)	0.179108 (0.941948)	0.034350 (0.221396)	0.162317 (0.584079)
海南	10.32131 - 0.750759	-0.187235 (-1.504032)	0.072145 (0.683527)	-0.060221 (-0.934617)	0.019520 (0.116650)
重庆	10.32131 + 0.372949	-0.001334 (-0.002770)	-0.031598 (-0.046834)	0.480575 (1.035366)	-0.408285 (-0.475261)
四川	10.32131 + 1.110865	-0.012079 (-0.127588)	0.040787 (0.479754)	-0.220557 (-3.201475)***	0.249551 (1.766063)*
贵州	10.32131 + 1.880264	-0.142648 (-0.893837)	0.175249 (0.848994)	0.162528 (1.170669)	-0.476385 (-2.244713)**
云南	10.32131 + 0.440499	0.201733 (1.489261)	-0.031737 (-0.229293)	0.033791 (0.253912)	-0.179322 (-0.663339)
西藏	10.32131 - 0.995079	-0.664678 (-1.756394)*	0.536696 (0.683889)	0.273996 (0.714806)	-0.696146 (-1.108512)
陕西	10.32131 - 1.015297	0.186363 (1.675292)*	0.140752 (0.774294)	0.207515 (1.964726)*	-0.231531 (-1.408868)
甘肃	10.32131 + 5.125740	-0.225047 (-2.193346)**	0.822741 (2.021802)**	-0.073220 (-0.391156)	-1.022474 (-3.146259)***
青海	10.32131 - 5.031275	0.075622 (0.271189)	-0.383017 (-0.641072)	0.243846 (0.753522)	0.697576 (1.232804)
宁夏	10.32131 - 2.624876	0.005630 (0.020052)	0.251270 (0.753598)	-0.172309 (-0.646091)	0.345257 (0.847981)
新疆	10.32131 - 1.597842	0.138012 (1.222000)	-0.165556 (-0.472263)	0.048807 (0.301251)	0.110901 (0.343490)

加权统计总体回归效果

测定系数	0.995649	回归标准误差	0.120854
调整后测定系数	0.992948	因变量标准差	8.745652
F 统计值	368.5402	残差平方和	3.622188
F 值伴随概率	0.000000	德宾沃森统计值	1.984610

注：常数项中第一项为总体效应，第二项为截面个体固定效应，各变量系数下方括号内数字为 t 统计值；*、**、*** 分别表示在 10%、5%、1% 的水平上显著。

由表 4-11 可见，调整后的测定系数为 0.992948，表明模型拟合度较高；F 统计值为 368.5402，伴随概率为 0.0000，德宾沃森统计值为 1.98461，显示模型不存在残差序列相关。因此，从统计意义上看，我们所构建的变系数固定效应模型具有较好的解释力。

基于以上计量分析，小结如下：

（1）广东、江西、辽宁、天津、山东等 18 个地区的出口增加导致环境恶化，譬如广东、江西、辽宁和天津出口每增加 1 个百分点，环境质量水平分别恶化 0.558319 个、0.341567 个、0.316450 个和 0.313124 个百分点。上述现象的出现，主要缘于这些地区污染密集型行业占有较高比例。另外，西藏、北京、内蒙古、甘肃、海南等 13 个省份的出口增加导致环境改善，譬如西藏、浙江出口每增加 1 个百分点，环境质量水平分别改善 0.664678 个、0.159939 个百分点。这可能是由于其出口产品技术水平进步，或地方政府加强了环境管制。

（2）甘肃、西藏、山西、内蒙古、北京等 17 个省份的资本劳动比增加会导致环境恶化，譬如甘肃资本劳动比每增加 1 个百分点，环境质量水平恶化 0.82274 个百分点。天津、广东、青海、吉林、浙江等 14 个省份的资本劳动比增加导致环境改善，譬如天津、浙江资本劳动比每增加 1 个百分点，环境质量水平分别改善 0.726856 个、0.317666 个百分点。

（3）重庆、西藏、青海、山东、吉林等 15 个省份的授权专利数增加会导致环境恶化，譬如重庆、浙江授权专利数每增加 1 个百分点，环境质量水平分别恶化 0.480575 个、0.085395 个百分点。北京、江苏、四川、黑龙江、福建等 16 个省份的授权专利数增加会导致环境改善，譬如北京授权专利数每增加 1 个百分点，环境质量水平改善 0.324552 个百分点。

（4）江苏、浙江、天津、青海、福建等 14 个省份的教育投资额增加会导致环境恶化，譬如江苏、浙江教育投资额每增加 1 个百分点，环境质量水平分别恶化 1.160163 个、0.924736 个百分点。甘肃、西藏、山西、贵州、黑龙江等 17 个省份的教育投资额增加会导致环境改善，譬如甘肃教育投资额每增加 1 个百分点，环境质量水平改善 1.022474 个百分点。

（5）从统计意义上说，仅有 9 个省份的出口额对环境质量水平的影响显著，说明出口额的提高对环境质量的影响不是很强烈；5 个省份的资本劳动比对环境质量水平的影响显著，即产业结构的调整对环境质量水平的影响不大；8 个省份的授权专利数对环境质量水平的影响显著；11 个省份的教育投资额对环境质量水平的影响显著，说明环境质量受教育水平的影响较大。

4.5 经验性小结

（1）无论是从行业层面还是地区层面看，中国出口贸易的快速增长对环境影响的结构效应和技术效应促进了中国环境质量的改进，而巨大规模负效应掩盖了这一改进并导致总体规模负效应。（2）相对于20世纪90年代中期而言，工业出口贸易地区结构的变动和技术进步导致出口贸易对环境产生了一定程度的正效应，但出口贸易对环境影响的规模负效应十分显著，进而导致我国出口贸易总体上对环境呈现显著负效应，因此，出口增长越来越受到环境约束。（3）我国出口额、资本劳动比、授权专利数是影响污染排放量的重要因素，同时教育投资制约出口额、资本劳动比与授权专利数的变化。基于规模扩张、结构变革、技术进步等路径，工业出口对环境质量产生着重要影响，但这种影响存在十分明显的区际差异，即出口对大部分地区环境质量呈现消极影响，但有助于改进小部分地区环境质量。（4）大部分地区出口扩张、贸易结构优化、技术进步对环境质量的积极影响不够显著，这可能是由于我国贸易方式的特殊性、环境管制的不完全，以及环境统计、环境会计制度的不健全所致。

第 5 章　环境规制的贸易效应

经过 30 多年改革开放，中国凭借劳动力与环境比较优势逐渐融入全球分工体系，对外贸易快速扩张，并先后跃升为世界货物贸易第一大出口国和世界第二大经济体，但与此同时，中国也已成为环境污染大国，完善环境规制的社会诉求异常强烈。发达国家环境规制对发展中国家出口贸易的影响已被许多经验研究所证实，但关于发展中国家环境规制对其自身出口的影响研究尚需进一步关注和探索。研究中国环境规制的出口贸易效应，对于转变对外贸易增长方式、促进出口贸易与环境协调发展具有十分重要的理论和现实意义。笔者拟从行业视角分别运用误差修正模型、VAR 模型的脉冲响应与变系数固定效应模型综合研究中国环境规制的出口效应，以期为环境规制部门和出口企业提供些许可能性的决策参考，还可以为未来环境政策工具的发挥提供理论依据。

5.1　环境规制对中国出口的影响：一个误差修正模型

首先，采用 1992~2008 年中国 14 个工业行业的时间序列数据，构建一个误差修正模型（ECM），进行相应实证分析和检验，以期考察中国环境规制的出口效应。

5.1.1　变量说明与数据处理

此部分实证分析涉及中国工业出口贸易额、工业废气治理水平、工业固体废物治理水平、工业环境要素生产力 4 个时间序列变量，这 4 个变量

分别记为 CK、FQ、GF、HJ。其中工业出口贸易额取自当年中国工业品出口额；工业废气治理水平为中国工业废气去除量同工业废气排放量之比，即 $FQ = (QJ1 + QJ2 + QJ3)/(QP1 + QP2 + QP3)$ [①]，其中工业废气去除量为工业二氧化硫去除量、工业烟尘去除量和工业粉尘去除量之和，工业废气排放量为工业二氧化硫排放量、工业烟尘排放量和工业粉尘排放量之和；工业固体废物治理水平为工业固体废物处理总量同工业固体废物排放总量之比，即 $GF = GFJ/GFP$ [②]；工业环境要素生产力为工业 GDP 同工业三废污染物排放总量之比，即 $HJ = GDP/(FQP + FSP + GFP)$ [③]，代表每单位环境承载量或环境要素支出所创造的 GDP。为了消除异方差对四个变量的影响，分别对四个变量取对数记为 $\ln CK$、$\ln FQ$、$\ln GF$、$\ln HJ$，经过对数处理后的四个变量分别表示中国工业品出口贸易额变化率、工业废气治理水平变化率、工业固体废物治理水平变化率、工业环境要素生产力变化率。其中，$\ln CK$ 用以表征中国工业出口贸易水平，$\ln FQ$、$\ln GF$、$\ln HJ$ 用以表征工业环境规制水平。

　　鉴于研究数据的可得性，本部分实证研究以工业为例，主要涵盖采矿业和制造业两大门类中除"木材加工及木、竹、藤、棕、草制品业，家具制造业，印刷业和记录媒介的复制，文教体育用品制造业，石油加工、炼焦及核燃料加工业，化学纤维制造业，工艺品及其他制造业，废弃资源和废旧材料回收加工业"8 种较难获取数据或数据匹配性很弱的制造业之外的 28 个工业大类。为了保证统计口径的一致性，笔者再将 28 个工业大类合为 14 个工业行业，具体为"采矿业，食品、饮料和烟草制造业，纺织业，服装、鞋、帽制造业，皮革、毛皮羽绒及其制品业，造纸及纸制品业，化学原料及化学制品制造业，医药制造业，橡胶制品业，塑料制品业，非金属矿物制品业，黑色金属冶炼及压延加工业，有色金属冶炼及压延加工业，金属制品业，机械、电气、电子设备及交通运输设备制造

---

① $QJ1$ 表示工业二氧化硫去除量，$QJ2$ 表示工业烟尘去除量，$QJ3$ 表示工业粉尘去除量；$QP1$ 表示工业二氧化硫排放量，$QP2$ 表示工业烟尘排放量，$QP3$ 表示工业粉尘排放量。

② GFJ 为固体废物处理量，GFP 为年固体废物排放量。

③ 其中，$FQP = QP1 + QP2 + QP3$ 表示工业废气排放总量，FSP 表示工业废水排放总量，GFP 表示工业固体废物排放总量，GDP 为工业各行业生产总值。

业"。① 研究样本限于 1992～2008 年国有及国有规模以上（年销售收入 500 万元以上）的工业企业。各工业行业总产值源于《中国工业经济统计年鉴》、《中国统计年鉴》，污染排放物源于《中国环境年鉴》，进出口数据源于《中国海关统计年鉴》、《中国对外经济统计年鉴》。

5.1.2 序列变量平稳性检验

由于协整对序列具有同阶单整的要求②，如果不对序列变量进行平稳性检验，忽略同阶单整这一协整理论成立的基本条件，协整结果将会是无效的。因此，在协整检验前有必要检验序列变量的平稳性。我们使用较为广泛应用的 ADF 检验法分别对 $\ln CK$、$\ln HJ$、$\ln FQ$、$\ln GF$ 时间序列变量进行单位根检验，检验结果如表 5－1 所示。

表 5－1　　　　　　　　　时间序列的单位根检验结果

序列变量	检验类型			ADF 统计量		临界值			平稳性
	截距	时间趋势	滞后阶数	t 值	概率	1%	5%	10%	
$\ln CK$	有	有	3	－5.871	0.0024	－4.886	－3.829	－3.363	平稳**
$\ln FQ$	有	有	0	－4.130	0.0254	－4.668	－3.733	－3.310	平稳*
$\ln GF$	有	有	0	－4.187	0.0230	－4.668	－3.733	－3.310	平稳*
$\ln HJ$	无	无	0	－3.188	0.0035	－2.718	－1.964	－1.606	平稳**
ecm	有	有	0	－4.232	0.0213	－4.668	－3.733	－3.310	平稳*

注：滞后期以 SC 值最小准则来确定，"＊"表示在 5% 显著性水平上平稳，"＊＊"表示在 1% 的显著性水平上平稳。

由表 5－1 可知变量 $\ln CK$ 和 $\ln HJ$ 都在 1% 的显著性水平上拒绝存在单位根，$\ln FQ$、$\ln GF$ 则在 5% 的显著性水平上拒绝原假设，这表明四个变

---

① 需要特别指出的是，对工业大类予以合并的依据参照中国《国民经济行业分类》（GB/T4754—2002）；第二产业包括采矿业，制造业，电力、燃气及水的生产和供应业，建筑业四个门类，其中前三个门类构成一般意义上的工业部门。

② 对于两变量协整，只有该两个变量是同阶单整时才能协整；而三个以上多变量如果不具有相同的单整阶数，也有可能构成协整，但是要求因变量的单整阶数一定要低于自变量的阶数，而自变量又要求具有同阶单整以通过线性组合构成低阶单整变量。

量都为零阶单整,即 I (0),是平稳序列。因此,这四个变量满足协整分析的基本要求。

5.1.3 格兰杰因果检验

虽然一些经济变量经过模型回归会表现出显著相关性,但其相关未必都有意义,因此,在建模之前有必要对变量间因果关系进行研究。我们应用 Eviews 6.0 进行 Granger 因果检验对滞后阶的要求十分敏感,对于此,一般有两种处理方法:一是通过信息准则(常用的准则为 AIC、SC、HQC)来判定,二是采用"从一般到具体"的类推方法(Davidson、Mackinnon,1993)[①]。实际应用中,前者常会出现各准则判定结论不统一的状况,而后者则更有利于获得有效结论,故我们基于第二种方法对各变量的因果关系进行检验,如表 5 - 2 所示。

表 5 - 2　　　　　　　　　　**格兰杰因果关系检验结果**

滞后长度（$q = s$）	Granger 因果关系	F 值	概率	结论
2	$\ln FQ$ 不是 $\ln CK$ 的格兰杰原因	6.41327	0.0161	拒绝
2	$\ln CK$ 不是 $\ln FQ$ 的格兰杰原因	0.6945	0.2432	接受
2	$\ln GF$ 不是 $\ln CK$ 的格兰杰原因	4.77296	0.0351	拒绝
2	$\ln CK$ 不是 $\ln GF$ 的格兰杰原因	5.55154	0.0239	拒绝
2	$\ln HJ$ 不是 $\ln CK$ 的格兰杰原因	5.89989	0.0203	拒绝
2	$\ln CK$ 不是 $\ln HJ$ 的格兰杰原因	0.09574	0.9095	接受

从检验结果可以看出,在5%的显著性水平下,$\ln FQ$ 是 $\ln CK$ 的格兰杰原因,而 $\ln CK$ 不是 $\ln FQ$ 的格兰杰原因;$\ln HJ$ 是 $\ln CK$ 的格兰杰原因,而 $\ln CK$ 不是 $\ln HJ$ 的格兰杰原因;$\ln GF$ 是 $\ln CK$ 的格兰杰原因,同时 $\ln CK$ 也是 $\ln GF$ 的格兰杰原因。因此,$\ln FQ$、$\ln HJ$ 同 $\ln CK$ 间存在单向因果关

---

① 即预先设定一个合适的最大滞后阶 Pmax,然后对模型进行估计,如果最大滞后阶回归元的系数不显著,则丢掉此回归元,即此时设定的最大滞后阶为（Pmax - 1）,然后再对模型估计,依次类推,直到得到一个所有系数均显著的相对简洁的模型。

系，而 lnGF 和 lnCK 则存在双向因果关系。

5.1.4 协整检验

为了保持合理的自由度使所建立的 VAR 模型参数具有较强的解释力，笔者在 Eviews 6.0 软件下，依据 *LR* 统计量（似然比检验）、*FPE*（最终预测误差）、*AIC* 信息准则、*SC* 信息准则与 *HQ*（Hannan - Quinn）信息准则 5 个常用指标对滞后长度进行选择，如表 5 - 3 所示。

表 5 - 3　　　　　　　　　　　VAR 模型滞后长度选择准则

Lag	LogL	LR	FPE	AIC	SC	HQ
0	- 135. 4883	NA	1 404. 899	18. 59844	18. 78725	18. 59643
1	- 84. 73597	67. 66974 *	15. 16833 *	13. 96480	14. 90886 *	13. 95474
2	- 67. 45298	13. 82639	24. 22537	13. 79373 *	15. 49305	13. 77563 *

注：" * "代表由各评价指标分别选择的最优滞后期。

由表 5 - 3 可见，五个准则中有 *LR*、*FPE*、*SC* 三个准则选择建立一阶滞后的模型，再综合考量模型的拟合度、残差的自相关性、异方差性和正态性，我们最终将最优滞后期确定为 1。

协整分析有助于研究经济系统在长期中如何受到经济均衡关系的约束。严格地说，对于两变量协整一般采用 Engle - Granger 两步法检验，而三变量以上的多变量协整则应采用 Johansen 协整检验。由于我们涉及 4 个变量，故应用 Eviews 6.0 进行 Johansen 协整检验（Johansen，1991、1995）。Johansen 检验基于 VAR 模型进行，该检验模型实际上是对无约束 VAR 模型进行协整约束后得到的 VAR 模型，因此，其滞后期应是无约束 VAR 模型一阶差分变量的滞后期。因为 VAR 模型选择的最优滞后期是 1，故协整检验的滞后期确定为 0。Eviews 6.0 通常以最大特征根检验和特征根迹检验两种统计量形式检验协整关系，具体 Johansen 检验结果见表 5 - 4。

表 5-4   Johansen 检验结果

协整个数原假设	特征值	最大特征根检验			特征根迹检验		
		最大特征根统计量	迹统计量	5% 显著水平	迹统计量	5% 显著水平	概率
0*	0.913262	39.11778	27.58434	0.0011	64.38926	47.85613	0.0007
至多 1 个	0.661136	17.31451	21.13162	0.1577	25.27148	29.79707	0.1520
至多 2 个	0.391792	7.955811	14.26460	0.3832	7.956964	15.49471	0.4700
至多 3 个	7.21E-05	0.001154	3.841466	0.9723	0.001154	3.841466	0.9723

注：带有 "*" 标记的表示在 0.05 的显著性水平下拒绝原假设，概率是根据 MacKinnon - Haug - Michelis (1999) 提出的临界值所得到的 P 值。

由表 5-4 显示，在 5% 的显著水平上拒绝 0 个协整方程的原假设，而接受了至多存在 1 个协整方程的假设。这表明中国工业品出口贸易额变化率（$\ln CK$）、工业环境要素生产力变化率（$\ln HJ$）、工业废气治理水平变化率（$\ln FQ$）、工业固体废物治理水平变化率（$\ln GF$）4 个变量在 5% 的显著水平上存在一个长期稳定的关系。协整方程系数如表 5-5 所示。

表 5-5   标准化协整方程系数表

$\ln CK$	$\ln FQ$	$\ln GF$	$\ln HJ$
1.000000	0.251803 (0.07071)	-0.575964 (0.34947)	-1.511975 (0.06682)

注：括号内为标准差。

由表 5-5 可获得协整方程如下：

$$ecm_t = \ln CK_t + 0.2518\ln FQ_t - 0.57596\ln GF_t - 1.51198\ln HJ_t \qquad (5-1)$$

方程（5-1）中 ecm_t 代表均衡误差，也是 ECM 模型中需要引入的误差修正项。通过对 ecm_t 进行 ADF 平稳性检验（检验结果如表 5-1 所示），可以看出 ecm_t 在 5% 的显著性水平下平稳，即为平稳序列，因此，上述协整方程具有统计显著性。且由协整方程可以看出，在长期，工业废气治理水平每提升 1 个百分点，工业品出口贸易额就会降低 0.2518 个百分点，工业固体废物治理水平每提升 1 个百分点工业品出口贸易额就会提高 0.57596 个百分点，工业环境要素生产力水平每提升 1 个百分点，工业品出口贸易额就会提高 1.51198 个百分点。

5.1.5 ECM 模型的构建

误差修正模型（Error Correction Model，ECM）是一种特定的计量经济学模型，其主要形式称为 DHSY 模型[①]，由于此模型结构所显示的误差修正机制能清楚地反映经济系统均衡偏离回调能力的特点，因而其被广泛应用到长短期经济分析。一个包含 m 个解释变量的 ECM 模型的一般方程式可表示为：

$$\Delta y_t = \sum_{k=1}^{m} a_i \Delta x_t + \sum_{k=1}^{m} \sum_{i=1}^{n} b_{k,t-1} \Delta x_{k,t-1} - \lambda \cdot ecm_{t-1} + u_t \quad (5-2)$$

方程（5-2）中，$i = 1，\cdots，n$，代表滞后阶数；$k = 1，\cdots，m$，代表解释变量个数；ecm_{t-1} 表示 $t-1$ 期非均衡误差；$\lambda \cdot ecm_{t-1}$ 表示误差修正项；λ 称为修正系数，表示误差修正项对 Δy_t 的调整速度。

我们运用 Eviews6.0 软件，将 $\Delta \ln CK_t$、$\Delta \ln FQ_t$、$\Delta \ln GF_t$、$\Delta \ln HJ_t$ 和协整方程残差项滞后一期（ecm_{t-1}）进行拟合回归，估计结果如表 5-6 所示。为了确定滞后阶数，采用逐步删除法对短期动态关系中各变量的滞后项进行从一般到特殊的检验，从 3 阶滞后逐步删除不显著的滞后项，最终滞后阶数定为 0，此时，模型拟合优度的各项指标都最为理想。进而，我们建立 ECM 模型如下：

$$\Delta \ln CK_t = 149.3617 - 0.17798 \Delta \ln FQ_t - 0.62619 \Delta \ln GF_t$$
$$+ 0.34162 \Delta \ln HJ_t - 0.67711 ecm_{t-1} + u_t \quad (5-3)$$

表 5-6　　　　　　　　ECM 模型回归结果

	变量系数回归标准差	t 统计值	概率
C	15.61498	9.565286	0.0000
$\Delta \ln FQ_t$	0.078908	-2.255567	0.0454
$\Delta \ln GF_t$	0.184018	-3.402878	0.0059
$\Delta \ln HJ_t$	0.093645	3.648064	0.0038

---

① 该模型由 Davidson、Hnendry、Srba 和 Yeo 于 1987 年所创立。

	变量系数回归标准差	t 统计值	概率
ecm_{t-1}	0.072076	-9.394652	0.0000
R^2	0.917289	回归标准差	0.763316
Adjusted R^2	0.887213	Durbin - Watson 统计值	2.099006
F 统计值	30.49845	F 统计值概率	0.000007

由表 5-6 回归结果可以看出，该模型拟合优度较高，方程通过了 F 检验、DW 检验，各个变量的回归系数都通过了 t 检验，误差修正项 ecm_{t-1} 为负，符合反向修正机制。

5.1.6　小结

（1）就工业固体废物治理水平而言，在短期，工业固体废物治理水平每提高 1%，工业品出口贸易水平将会降低 0.62619%；而在长期，工业固体废物治理水平每提高 1%，工业品出口贸易水平将会提高 0.57596%。

（2）就工业废气治理水平而言，在短期，工业废气治理水平每提高 1%，工业品出口贸易水平将会下滑 0.17798%；而在长期，工业废气治理水平每提高 1%，工业品出口贸易水平将会降低 0.2518%。

（3）就工业环境要素生产力而言，在短期，工业环境要素生产力每提高 1%，工业品出口贸易水平将会提高 0.34162%；长期中，工业环境要素生产力每提高 1%，工业品出口贸易水平将会提升 1.51198%。另外，式 5-2 中误差修正项 ecm_{t-1} 的调整系数 λ 十分显著，这表明，当短期波动偏离长期均衡时，该经济系统将有能力以 0.67713% 的调整力度将非均衡调整到均衡状态。

5.2　贸易扩张中的环境规制及技术进步：基于 VAR 模型的脉冲响应与方差分解

笔者拟采用 1992~2008 年中国 28 个工业大类的时间序列数据，构建一个非限制向量自回归模型（VAR），并进行脉冲响应分析和方差分解，以期从长期均衡角度考察出口贸易扩张、环境规制、环境技术进步之间的动态变化规律，从短期波动角度分析中国环境规制与环境技术进步水平对出口贸易扩张的影响和作用。

5.2.1 变量选择与数据处理

此部分实证研究涉及出口贸易规模、环境规制、环境技术进步三个时间序列变量，分别记为 *EXP*、*ERL*、*ETP*，其中 *EXP* 为被解释变量，*ERL*、*ETP* 为解释变量。同时，鉴于直接衡量我国环境规制、环境技术进步的统计指标十分缺乏，故我们以所选28个工业大类（分属14个工业行业，行业分类及名称与5.1.1中的处理相同）出口贸易总额表征出口贸易规模 *EXP*；以工业二氧化硫去除率即工业二氧化硫去除量与工业二氧化硫排放量之比，表征环境规制水平 *ERL*；以工业污染强度的倒数即工业GDP与工业污染物排放量之比，表示环境技术进步水平 *ETP*[①]。在实证建模时，为了消除时间序列剧烈波动与异方差的影响，我们分别对三个变量取对数得到 ln*EXP*、ln*ERL*、ln*ETP*，分别表示中国工业出口贸易扩张水平变动率、环境规制水平变动率、环境技术进步水平变动率。

5.2.2 VAR 模型构建与检验

希姆斯（C. A. Smis，1980）开创性地将向量自回归模型（Vector Autoregression，VAR）引入经济学研究[②]，这种非结构化模型旨在把经济系统中每一个内生变量视作所有内生变量滞后值的函数，从而揭示变量间的动态变化规律，与建立在经济理论基础上的结构化模型相比，VAR 模型更有助于研究随机扰动对多变量时间序列系统的动态影响[③]。鉴于此，笔

---

① 其中污染物排放量为废气污染物排放量、废水污染物排放量与固体废物污染物产生量之和，废气污染物是指废气含有的二氧化硫、工业粉尘、工业烟尘，废水污染物是指所排放废水中含有的汞、镉、六价铬、铅、砷、氰化物、挥发酚、化学需氧量、石油类、氨氮。样本处理与资料来源与5.1.1相同。

② C. A. Smis. Macroeconomics and Reality [J]. Econometrica，1980，(48)：1-48.

③ 易丹辉：《数据分析与 Eviews 应用》，中国人民大学出版社2008年版，第207页。

者首先构建一个 VAR 模型，再基于模型进行脉冲响应分析和方差分解，从而对我国工业出口贸易与环境规制、环境技术进步间的动态关系予以考察。

5.2.2.1 变量平稳性、格兰杰因果关系检验与最优滞后期选择

一般而言，VAR 模型中的每一个变量都必须具有平稳性，如果变量是非平稳的，则必须存在协整关系。因此，在构建 VAR 模型之前，我们对时间序列进行平稳性检验[①]。检查序列平稳性通常采用单位根检验，主要有 DF、ADF、PP、KPSS、ERS、NP 六种检验方法，我们选择较具普适性的 ADF 检验对 $\ln EXP$、$\ln ERL$、$\ln ETP$ 平稳性予以考察[②]，检验结果如表 5-7 所示。

表 5-7　　　　　　　　时间序列的单位根检验结果

序列变量	检验类型			ADF 统计量		临界值			结论
	截距	时间趋势	滞后阶数	t统计值	概率（P 值）	1%	5%	10%	
$\ln EXP$	有	有	3	-5.871	0.0024	-4.886	-3.829	-3.363	平稳**
$\ln ERL$	有	有	0	-4.130	0.0254	-4.668	-3.733	-3.310	平稳*
$\ln ETP$	无	无	0	-3.188	0.0035	-2.718	-1.964	-1.606	平稳**

注：滞后期以 SC 值最小准则来确定，"*"表示在 5% 显著性水平上平稳，"**"表示在 1% 的显著性水平上平稳。

由表 5-7 可见，变量 $\ln EXP$ 和 $\ln ETP$ 在 1% 的显著性水平上拒绝存在单位根的原假设，变量 $\ln ERL$ 在 5% 的显著性水平上拒绝原假设，因而 3 个变量都为零阶单整，即 I（0），属于平稳序列。

严格地说，尽管一些经济变量从模型构建上会呈现显著相关性，但其相关未必具有经济学意义。因此，在建立模型之前有必要进行 Granger 因果检验，否则可能会得出不切实际的结论。Granger 检验对滞后长度要求

---

① 所谓平稳的时间序列是指具有稳定的趋势、波动性和横向联系，即均值、方差为不变的常数，两个时期间的协方差仅与两期之间的时间间隔有关。

② 高铁梅：《计量经济分析方法与建模》，清华大学出版社 2006 年版，第 145～150 页。

十分敏感，人们一般采用信息准则（AIC、SC、HQC）来判定，或者通过"从一般到特殊"（Davidson、Mackinnon，1993）的方法①来设定。为了更有利于获得有效结论，我们基于第二种方法对各变量进行 Granger 因果检验，结果如表 5－8 所示。

表 5－8　　　　　　　　　　　格兰杰因果关系检验结果

滞后长度（$q=s$）	Granger 因果性	F 值	概率	结论
2	lnERL 不是 lnEXP 的格兰杰原因	6.41327	0.0161	拒绝
2	lnEXP 不是 lnERL 的格兰杰原因	0.6945	0.2432	接受
2	lnETP 不是 lnEXP 的格兰杰原因	5.89989	0.0203	拒绝
2	lnEXP 不是 lnETP 的格兰杰原因	0.09574	0.9095	接受

从表 5－8 显然可以发现，在 5% 的显著性水平下，lnERL 是 lnEXP 的格兰杰原因，而 lnEXP 不是 lnERL 的格兰杰原因；lnETP 是 lnEXP 的格兰杰原因，而 lnEXP 不是 lnETP 的格兰杰原因。从而，解释变量 lnERL、lnETP 与被解释变量 lnEXP 存在单向格兰杰因果关系。

为了保证 VAR 模型参数具有较强解释力，我们必须在滞后期与自由度之间寻求均衡。我们应用 Eviews6.0 软件，基于 LR（似然比）检验统计量、FPE（最终预测误差）、AIC 信息准则、SC 信息准则与 HQ 信息准则五个常用指标对滞后长度进行选择，结果如表 5－9 所示。

表 5－9　　　　　　　　　　VAR 模型滞后期选择准则

Lag	Log$L$	LR	FPE	AIC	SC	HQ
0	－120.2489	NA	2 752.177	16.43318	16.57479	16.43168
1	－78.39863	61.38037*	35.84308*	12.05315*	12.61959*	12.04712*
2	－70.31654	8.620898	49.24018	12.17554	13.16681	12.16498

注："＊"表示根据各评价指标分别选择的最优滞后期。

---

① 即事先设定一个最大滞后阶 P_{max}，然后估计模型，如果最大滞后阶回归元系数不显著，则丢掉此回归元，即此时最大滞后阶为 $P_{max}-1$，然后再对模型估计，依次类推，直到得到一个所有系数均显著的模型。

不难发现，表 5 - 9 显示五种准则都倾向于建立 1 阶滞后模型，所以我们在综合考察模型拟合度（$R^2 = 0.996981$）、残差的自相关性、异方差性和正态性之后，最终将最优滞后期定为 1。

5.2.2.2 VAR 模型的构建、估计及其稳定性检验

基于上述变量平稳性检验、格兰杰因果检验和最优滞后期选择，结合 VAR 模型的基本思想，我们建立如下 VAR 模型：

$$y_t = \sum_{i=1}^{k} a_i y_{t-k} + \mu_t \tag{5-4}$$

公式（5 - 4）中，y 代表时间序列变量，k 为滞后阶数，$t = 1$，2，3 为样本个数，a_i 为 $k \times k$ 维系数矩阵，μ_t 是 k 维扰动列向量。

根据 Eviews6.0 对 VAR 模型参数估计值，得到三个方程式如下：

$$\ln EXP = 0.343\ln EXP(-1) + 0.010\ln ERL(-1)$$
$$+ 0.872\ln ETP(-1) + 142.176 \tag{5-5}$$

$$\ln ERL = 0.064\ln EXP(-1) + 0.451\ln ERL(-1)$$
$$+ 0.367\ln ETP(-1) - 5.956 \tag{5-6}$$

$$\ln ETP = 0.127\ln EXP(-1) + 0.246\ln ERL(-1)$$
$$+ 0.587\ln ETP(-1) - 30.061 \tag{5-7}$$

值得注意的是，一个有意义的 VAR 模型必须是稳定的，因此，我们对模型稳定性进行检验，结果如图 5 - 1 所示。

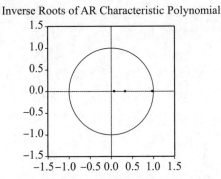

Inverse Roots of AR Characteristic Polynomial

图 5 - 1　VAR 模型平稳性检验结果（Graph 形式）

从图 5 - 1 可见，该 VAR 模型特征方程所有根的倒数的模小于 1，即

全部根的倒数值均位于单位圆内，因此，VAR 模型是稳定的，这为后文脉冲响应函数分析和方差分解提供了基础条件。

5.2.3 协整检验分析

协整检验既可以决定一组非稳定序列的线性组合是否具有协整关系，也可以用来判断线性回归方程的设定是否合理[①]。因而，我们选择 Johansen 检验对 VAR 模型进行协整分析以避免伪回归[②]。一般而言，对非限制性 VAR 模型进行协整检验的滞后期应是其一阶差分变量的滞后期，此 VAR 模型最优滞后期是 1，则协整检验滞后期为 0。我们采用 Eviews 6.0 基于最大特征根统计量和特征根迹统计量进行协整检验，结果如表 5 – 10 所示。

表 5 – 10   Johansen 检验结果

协整个数原假设	特征值	最大特征根检验			特征根迹检验		
		最大特征根统计量	5%显著水平	概率	迹统计量	5%显著水平	概率
0*	0.803646	26.04542	21.13162	0.0094	34.95212	29.79707	0.0117
至多 1 个	0.418603	8.677133	14.26460	0.3140	8.906708	15.49471	0.3741
至多 2 个	0.014246	0.229575	3.841466	0.6318	0.229575	3.841466	0.6318

注：带有"＊"标记的表示在 0.05 的显著性水平下拒绝原假设，概率依据 MacKinnon – Haug – Michelis（1999）提出的临界值所得。

Johansen 检验在 5% 的显著性水平上拒绝了 0 个协整方程的原假设，而接受了至多存在 1 个协整方程的假设，这表明 lnEXP、lnERL、lnETP 三个变量在 5% 的显著水平上存在一个长期稳定的均衡关系，标准化协整方程系数如表 5 – 11 所示。

---

① 高铁梅：《计量经济分析方法与建模》，清华大学出版社 2006 年版，第 156 页。
② Johansen, Soren. Estimation and Hypothesis Testing of Cointegration Vectors in Gaussian Vector Autoregressive Models [J]. Econometrica, 1991, (59)：1550 – 1575.

表 5 - 11　　　　　　　　　　　标准化协整方程系数表

$\ln EXP$	$\ln ERL$	$\ln ETP$
1	0. 292888 (0. 11431)	- 1. 612859 (0. 09188)

注：括号内为标准差。

由表 5 - 11 可以得到协整方程：

$$\ln EXP = -0.29289\ln ERL_t + 1.61286\ln ETP_t + ecm_t^{①} \qquad (5-8)$$

由方程（5 - 8）可以看出，在长期，环境规制水平每上升 1 个百分点，出口贸易规模就会缩减 0.29289 个百分点；环境技术进步水平每提高 1 个百分点，出口贸易规模就会扩张 1.61286 个百分点。

5.2.4　脉冲响应与方差分解

5.2.4.1　脉冲响应函数分析

脉冲响应函数旨在用来研究一个变量受到某种冲击时其对系统产生的动态影响。从而，我们基于 VAR 模型分别给变量 $\ln ERL$、$\ln ETP$ 施加一个正标准差新息②的冲击，可以得到 $\ln EXP$ 的脉冲响应路径，如图 5 - 2、图 5 - 3 所示。图 5 - 2 显示当本期环境规制水平受外部条件冲击后，出口贸易规模在第 1 期没有反应，第 2 期则明显下降 0.097051%，但在短暂的负向影响过后，第 2 期到第 3 期又呈现较大速率的正向影响，以后各期提升速度逐渐下降，第 7 期影响最大，达到 0.709319%，此后各期呈现小幅下降的趋势。图 5 - 3 显示当本期环境技术进步水平受外部条件冲击后，出口贸易规模在第 1 期没有反应，第 2 期明显提升 1.542489%，达到最高，以后各期小幅波动并逐期下降。

---

① 式 5 - 8 中的 ecm 代表均衡误差。
② 所谓"新息"是指随机扰动项。

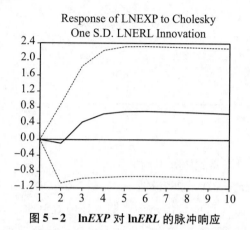

图 5 - 2　ln*EXP* 对 ln*ERL* 的脉冲响应

注：横轴表示冲击作用的滞后期间数（年），纵轴表示 ln*EXP*；实线表示标准差新息的脉冲响应，虚线表示正负两倍标准差的置信带。

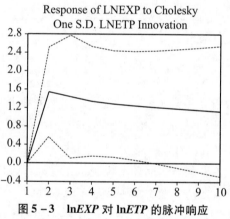

图 5 - 3　ln*EXP* 对 ln*ETP* 的脉冲响应

注：横轴表示冲击作用的滞后期间数（年），纵轴表示 ln*EXP*；实线表示标准差新息的脉冲响应，虚线表示正负两倍标准差的置信带。

　　如果进一步就中国工业品出口贸易扩张水平对环境规制与环境技术进步的脉冲响应路径进行比较，可以发现，一方面，无论环境规制还是环境技术进步水平，都会将其自身受到的冲击传递至工业品出口贸易规模，并产生积极的正向促进作用；另一方面，中国工业品出口贸易规模对环境技术进步水平的脉冲响应更为敏感。

5.2.4.2 方差分解

方差分解旨在通过分析内生变量变化的贡献度①来评价不同内生变量冲击的重要性。基于 *VAR* 模型的方差分解结果（如表 5 - 12）显示，中国工业出口贸易扩张水平除了来自自身冲击的影响外，环境规制水平变动的贡献率在第 2 期为 0.1%，即中国工业品出口贸易扩张水平预测方差的 0.1% 可以由环境规制水平变动来解释，之后几期都保持较为稳定的增长；而环境技术进步水平变动的贡献率在第 2 期就达 25.3%，即中国工业品出口贸易扩张水平预测方差的 25.3% 可以由环境技术进步水平变动来解释，并且第 2 期后各期贡献率有逐年上升的趋势，第 7 期后增幅开始放缓。比较而言，环境技术进步水平变动的贡献率远远超越环境规制水平变动的贡献率，即前者对中国工业品出口贸易扩张水平的影响远大于后者。

表 5 - 12 　　　　　　　　　ln*EXP* 变量方差分解

预测期	标准误差（S. E.）	ln*EXP*	ln*ERL*	ln*ETP*
1	1.676368	100.0000	0.00000	0.000000
2	3.066799	74.60258	0.100145	25.29728
3	3.816315	68.06220	1.367161	30.57064
4	4.372184	64.09778	3.196148	32.70607
5	4.832577	61.43536	4.721192	33.84345
6	5.230856	59.57072	5.868430	34.56084
7	5.583092	58.21259	6.725991	35.06142
8	5.898861	57.18719	7.379746	35.43307
9	6.184612	56.38875	7.890635	35.72062
10	6.445022	55.75088	8.299329	35.94979

注：第 1 列为预测期，第 2 列为变量 ln*EXP* 各期预测的标准误差。其他各列表示以 ln*EXP*、ln*ERL*、ln*ETP* 为因变量的方程新息各期对预测误差的贡献度（%）。

---

① 需要说明的是，此"贡献率"是指相对方差贡献率，一般以某个变量基于冲击的方差对被解释变量的方差的相对贡献度来表示。

5.3 　中国环境规制的出口效应及其行业差异

　　本部分基于行业异质性视角，选取中国 1992～2008 年 14 个工业行业的面板数据，建立半对数固定效应变系数模型，结合汇率、产业结构、成本加成能力等因素，实证分析环境规制的出口贸易效应及其行业差异，得出启发性结论，并在此基础上进一步就如何完善我国环境规制、促进出口贸易可持续发展提出政策建议。

5.3.1 　变量、数据与模型

5.3.1.1 　变量选择

　　从古典、新古典、新贸易理论到新新贸易理论的演进来看，出口贸易动因主要包括劳动生产率、要素禀赋、规模经济、市场结构、技术进步以及企业或产品异质性。但是随着贸易与环境的冲突日益显著，环境规制也逐步成为影响出口的驱动因素。为了考察环境规制[①]对出口的影响，结合数据的可得性，构建 *Panel Data* 回归模型时选择的变量主要有：

　　（1）出口贸易规模变动率（ln*EXP*）。出口贸易规模变动率为因变量，其中 *EXP* 为出口贸易额，一般可以用来表示出口贸易规模，其对数 ln*EXP* 反映出口贸易规模的变化。在一定程度上，一个国家或地区出口贸易额上升、外向性市场需求扩大、经济增长速度上升，相反，外向性需求减缩、经济增长速度下降。从而，促进出口贸易增长成为许多国家实现经济增长的主要措施。

　　（2）环境规制效率（*ERC*）。环境规制效率为解释变量之一，通常反映环境规制对环境承载力的影响程度，由于缺乏直接统计指标，笔者拟以

---

　　① 　现有同类研究大多采用相关统计年鉴中环境治理投资额、二氧化硫排放量等间接指标表征环境规制，理论上说，应该采用排污费、排污许可、排污权交易等方面的指标比较科学，但由于我国环境规制体系尚不完善，获取这些数据十分困难。为了尽可能较合理地表征环境规制水平，笔者依据大量基础统计数据重新构建了"环境规制效率、环境规制强度"指标。

GDP 与污染物排放量之比表征 *ERC*，其中污染物排放量为废气污染物排放量、废水污染物排放量与固体废物污染物产生量的总和。为了消除量纲不同的影响，废气污染物限于废气中包含的二氧化硫、工业粉尘、工业烟尘，废水污染物限于所排废水中含有的汞、镉、六价铬、铅、砷、氰化物、挥发酚、化学需氧量、石油类、氨氮。在技术进步不变、环境规制强度相同、出口倾向相同的条件下，环境规制效率越高，出口贸易规模越大，出口增长率越快。

（3）环境规制强度（*ERI*）。环境规制强度为解释变量之二，表示一国或地区环境规制的严格程度，由于缺乏直接统计指标，笔者拟选取废水排放达标率来表征 *ERI*，废水排放达标率为废水排放达标量与废水排放量之比。一般而言，若不考虑技术进步，环境规制效率相同，大量研究表明，在短期内，环境规制强度越大，成本内部化程度越高，出口贸易比较优势越弱，出口规模越小，出口增长率越慢；但就长期而言，环境规制强度提高有助于刺激技术创新，从而提升出口贸易竞争优势。

（4）人民币平均汇率（*RER*）。人民币平均汇率为控制变量之一，表示间接标价方法下国内外货币比价的变动。从理论上说，本币贬值有利于促进出口，本币升值会在一定程度上抑制进口，但其不一定直接影响环境规制。

（5）资本劳动比（*CLR*）。资本劳动比为控制变量之二，以规模以上企业资本总额与其从业人员年平均数之比表示，通常用来反映产业结构优化程度。一般意义上说，产业结构对出口贸易规模有正向影响，因而资本劳动比上升会有利于改善贸易条件，反之，会导致贸易条件恶化。

（6）成本费用利润率（*CFP*）。成本费用利润率为控制变量之三，用以表征成本加成能力。一般来说，成本费用利润率提高，成本加成能力上升，定价权增强，可能引致市场势力，有利于获取垄断利润；反之，成本费用利润率降低，成本加成能力下降，定价权逐步减弱，不利于改善贸易条件。

模型中解释变量与控制变量含义、回归系数方向预期及其理论依据如表 5 - 13 所示。

表 5 - 13   变量含义、系数方向预期及其理论依据

变量性质	变量名称	符号	含义	系数方向预期及其理论依据
解释变量	环境规制效率	*ERC*	环境规制对环境承载力的影响程度	" + ",技术进步与环境政策既定,出口增长与环境规制效率呈正向变化
	环境规制强度	*ERI*	环境规制的严格程度	" + 或 - ",短期环境规制强度加大削弱出口,长期内因创新而扩大出口
控制变量	人民币平均汇率	*RER*	国内外货币平均比价	" + 或 - ",本币贬值促进出口,本币升值,抑制出口
	资本劳动比	*CLR*	产业结构优化程度	" + ",出口结构优化与贸易条件呈同向变化
	成本费用利润率	*CFP*	成本加成能力	" + ",成本加成能力与市场势力呈同向变化

概而言之,被解释变量(lnEXP)表征出口贸易规模变动,解释变量(ERC、ERI)表征环境规制水平,控制变量(RER、CLR、CFP)表征环境规制对出口影响的约束因素。

5.3.1.2 数据处理及平稳性检验

研究样本选择仍然限于 1992~2008 年 14 个主要工业行业(行业分类及名称与 5.1.1 中的处理相同)规模以上(年销售收入 500 万元以上)的工业企业[①],也不考虑国际与区际污染扩张以及中间产品行业污染转移问题。[②] 各工业行业产值、资本劳动比、工业成本费用利润率以及平均汇率等指标的基础数据取自《中国统计年鉴》或《中国工业经济统计年鉴》;工业污染排放物取自《中国工业经济统计年鉴》或《中国环境年

---

① 笔者选择 1992~2008 年数据的原因在于这一阶段中国出口贸易正处于持续发展与快速扩张阶段,同时考虑经济危机对出口贸易的冲击较大,为便于研究,故没有选择 2008 年之后的数据。

② 大多研究假定环境规制是完全的,本章实证研究主要考察规模以上企业,属于不完全环境规制。

鉴》；出口贸易数据取自《中国对外经济统计年鉴》或《中国海关统计年鉴》，但由于《中国对外经济统计年鉴》与《中国海关统计年鉴》中商品分类标准不统一，笔者对于部分行业出口数据进行了一定筛选与整合。出口贸易额、GDP、资产总值单位为亿元人民币，从业人员人数单位为万人，各类污染物排放量（产生量）、去除量、达标量单位为万吨。基于上述数据处理方法，从而形成了 EXP、ERC、ERI、RER、CLR、CFP 六个变量 14 个工业行业（涵盖 28 个大类）、17 年观测期的面板数据。本部分实证研究鉴于工业行业名称较长，为了方便研究，本部分将 14 个工业行业依次赋以如下标识代码：CK，SP，FZ，PG，ZZ，HX，YY，XJ，SL，FJ，HJ，YJ，JS，JD。①

为了避免伪回归的出现，加上观测期大于截面数，有必要进行面板数据平稳性检验。根据所有截面序列是否具有相同单位根过程②，面板单位根检验分为同质和异质两种类型：前者包括 LLC，Breitung，Hadri 检验；后者包括 IPS，Fisher – ADF，Fisher – PP 检验。这六种方法零假设与备择假设不尽相同，如果仅采用一种或一种以上相同性质的方法进行面板单位根检验是不完善的。[30] 鉴于此，笔者选择 LLC，Fisher – ADF，Fisher – PP 三种检验统计量各异的方法进行检验，如果三种结论都平稳，则认为此序列是平稳的，反之均视为平稳性不确定。③ 基于 Eviews6.0 软件的检验结果如表 5 – 14 所示。

表 5 – 14　　　　　　　　　　　面板数据变量单位根检验

序列变量	检验方法	检验方程形式	检验统计量	相伴概率	检验结果
EXP/ΔEXP	LLC	N/IT	15. 7337/ – 1. 78240	1. 0000/ 0. 0373	不平稳/平稳
	Fisher – ADF	N/IT	2. 02129/39. 5226	1. 0000/0. 0729	不平稳/平稳
	Fisher – PP	N/I	0. 27121/45. 0263	1. 0000/0. 0219	不平稳/平稳

① 对工业大类予以合并的依据参见中国《国民经济行业分类》（GB/T4754 — 2002）。
② 相同单位根过程可以理解为所有截面个体自回归系数相同，反之亦反。
③ LLC、Breitung、IPS 检验统计量为 T，Fisher – ADF、Fisher – PP 检验统计量为卡方统计量。

序列 变量	检验方法	检验方程 形式	检验统计量	相伴概率	检验结果
ERC/ Δ*ERC*	LLC	N/IT	8. 30629/ − 14. 4050	1. 0000/0. 0000	不平稳/平稳
	Fisher − ADF	N/IT	1. 05840/155. 981	1. 0000/0. 0000	不平稳/平稳
	Fisher − PP	N/IT	0. 39677/244. 638	1. 0000/0. 0000	不平稳/平稳
WCR/ Δ*WCR*	LLC	N/IT	5. 25153/ − 4. 50784	1. 0000/0. 0000	不平稳/平稳
	Fisher − ADF	N/IT	3. 21265/54. 8668	1. 0000/0. 0018	不平稳/平稳
	Fisher − PP	N/IT	1. 19507/70. 6968	1. 0000/0. 0000	不平稳/平稳
RER/ Δ*RER*	LLC	I/IT	− 18. 8251/ − 41. 3273	0. 0000/0. 0000	平稳/平稳
	Fisher − ADF	I/IT	247. 844/301. 187	0. 0000/0. 0000	平稳/平稳
	Fisher − PP	IT/IT	56. 3991/131. 02	0. 0011/0. 0000	平稳/平稳
CLR/ Δ*CLR*	LLC	N/IT	8. 31125/ − 9. 64748	1. 0000/0. 0000	不平稳/平稳
	Fisher − ADF	N/IT	5. 70665/77. 0845	1. 0000/0. 0000	不平稳/平稳
	PP	N/IT	4. 91758/92. 9587	1. 0000/0. 0000	不平稳/平稳
CFP/ Δ*CFP*	LLC	N/IT	3. 24766/ − 8. 81801	0. 9994/0. 0000	不平稳/平稳
	Fisher − ADF	N/IT	15. 6192/75. 2095	0. 9711/0. 0000	不平稳/平稳
	Fisher − PP	N/IT	13. 8502/88. 1631	0. 9882/0. 0000	不平稳/平稳

说明：Δ 代表变量的一阶差分；IT、I、N 表示检验方程外生回归量形式，IT 表示既包括截距项又包括趋势项，I 表示仅包括截距项，N 表示既不包括截距项又不包括趋势项。

由表 5 – 14 可见，变量 *RER* 原序列平稳，变量 *EXP*，*ERC*，*WCR*，*CLR*，*CFP* 原序列都不平稳，但其一阶差分都是平稳的，从而为建模和计量分析奠定了基础。

5.3.1.3　半对数固定效应变系数 Panel Data 模型

一般线性 Panel Data 模型通常可表示为：

$$y_{it} = \alpha_{it} + \beta_{it}x_{it} + \mu_{it} \quad (i = 1, \cdots, N; \ t = 1, \cdots, T) \qquad (5-9)$$

其中，y_{it} 为被解释变量，$x_{it} = (x_{1it}, x_{2it}, \cdots, x_{kit})$，为 $k \times 1$ 维解释变量向量；α_{it} 表示模型截距项，$\beta_{it} = (\beta_{1it}, \beta_{2it}, \cdots, \beta_{kit})$ 为 $k \times 1$ 维系数向量，k 表示解释变量个数，μ_{it} 为随机误差项，且假设 μ_{it} 相互独立、零均值、同方差为 σ_u^2，N 表示截面个数，T 表示观测时期总数。为了避免模型设定偏差，改进参数估计的有效性，笔者采取 F 检验[①]、冗余固定效应检验与豪斯曼检验以联合确定模型的具体形式。

首先，笔者运用 Eviews 6.0 软件依次追加变量分别对预设的 5 个面板模型的具体形式进行 F 检验，结果如表 5-15 所示。

从表 5-15 可见，我们所构造的 F_2 与 F_1 统计量均拒绝了原假设 H_2 与 H_1，故适合构建变系数面板数据模型。

表 5-15　　　　　　　　　　　面板模型形式 F 检验

F 检验零假设	模型 I	模型 II	模型 III	模型 IV	模型 V
H_2（$F_2 \sim F_{0.05}$）	76.64 > 1.73	67.84 > 1.55	70.04 > 1.44	59.57 > 1.43	50.51 > 1.47
H_1（$F_1 \sim F_{0.05}$）	27.74 > 2.23	11.44 > 1.73	11.27 > 1.55	6.21 > 1.58	5.10 > 1.34
检验结论	拒绝 H_2/H_1	拒绝 H_2/H_1	拒绝 H_2/H_1	拒绝 H_2/H_1	拒绝 H_2/H_1
模型形式	变系数	变系数	变系数	变系数	变系数

注：F 检验时 $N = 14$，$T = 17$，模型 I、II、III、IV、V 的自变量个数 k 分别为 1、2、3、4、5，显著性水平为 0.05。

其次，尚需考察不同行业回归方程的截距项是否存在结构差异。从数理分析逻辑上说，当研究数据中所包含的个体是所研究总体的所有单位，即当回归系数的参数变动可以反映个体单位之间的差异时，固定效应模型便是一个合理的 Panel Data 计量模型（高铁梅，2008）[②]。而笔者所选择的数据包括了个别行业以外的所有工业行业，模型仅就我国各工业行业数

---

① F 检验具体方法参见前文 "4.4.3"。

② 高铁梅：《计量经济分析方法与建模——Eviews 应用及实例》，清华大学出版社 2008 年版，第 306～325 页。

127

据进行研究，因此运用固定效应模型是合理的。为了谨慎起见，笔者采取冗余固定效应检验（Likelihood Ratio Test）与豪斯曼检验（Hausman Test）联合考察是否存在固定效应，检验结果如表 5-16 所示。

表 5-16　　　　　　　　　　冗余固定效应检验与豪斯曼检验

模型	冗余固定效应检验			豪斯曼检验		
	Cross - section F	Prob.	检验结论	Chi - Sq. Statistic	Prob.	检验结论
模型 I	78.400077	0.0000	拒绝原假设	52.669083	0.0000	拒绝原假设
模型 II	18.661597	0.0000	拒绝原假设	15.726295	0.0004	拒绝原假设
模型 III	10.074542	0.0000	拒绝原假设	15.661224	0.0004	拒绝原假设
模型 IV	5.834566	0.0000	拒绝原假设	17.991434	0.0004	拒绝原假设
模型 V	5.139816	0.0000	拒绝原假设	19.747461	0.0006	拒绝原假设

由于冗余固定效应检验的原假设为固定效应是冗余的，豪斯曼检验的原假设为随机效应与解释变量无关，从表 5-16 检验结果不难发现，冗余固定效应检验与豪斯曼检验均在 0.01 的显著性水平下拒绝了原假设，从而显示面板模型存在固定效应但不存在随机效应。

基于 F 检验、冗余固定效应检验与豪斯曼检验结论，我们选择一个既存在个体影响，又体现结构变化的线性固定效应变系数面板数据模型形式：

$$y_{it} = (\alpha + \delta_i) + \beta_i x_{it} + \mu_{it} \qquad (i = 1, \cdots, N; \ t = 1, \cdots, T)$$

$$(5-10)$$

其中，α 表示总体效应，δ_i 表示截面固定效应。同时，为了消除被解释变量数据剧烈波动与异方差的影响，且结合回归结果，从而对被解释变量取对数，以建立半对数回归模型。另外，为了深入考察环境规制对不同行业出口贸易的影响差异，笔者采取渐次引入解释变量与控制变量的方法，先后建立五个半对数固定效应变系数模型如下：

$$\ln EXP_{it} = (\alpha + \delta_i) + \beta_{1i} ERC_{it} + \mu_{it} \qquad (5-11)$$

$$\ln EXP_{it} = (\alpha + \delta_i) + \beta_{1i} ERC_{it} + \beta_{2i} ERI_{it} + \mu_{it} \qquad (5-12)$$

$$\ln EXP_{it} = (\alpha + \delta_i) + \beta_{1i} ERC_{it} + \beta_{2i} ERI_{it} + \beta_{3i} RER_{it} + \mu_{it} \qquad (5-13)$$

$$\ln EXP_{it} = (\alpha + \delta_i) + \beta_{1i} ERC_{it} + \beta_{2i} ERI_{it} + \beta_{3i} RER_{it} + \beta_{4i} CLR_{it} + \mu_{it}$$
$$(5-14)$$

$$\ln EXP_{it} = (\alpha + \delta_i) + \beta_{1i} ERC_{it} + \beta_{2i} ERI_{it} + \beta_{3i} RER_{it} + \beta_{4i} CLR_{it} + \beta_{5i} CFP_{it} + \mu_{it}$$
$$(5-15)$$

方程（5-11）着重考察环境规制效率（ERC）对出口贸易规模的影响，方程（5-12）重在考察环境规制效率（ERC）与环境规制强度（ERI）的交互作用对出口贸易规模的影响，方程（5-13）、（5-14）、（5-15）旨在考察先后引入控制变量汇率（RER）、资本劳动比（CLR）、成本费用利润率（CFP）之后，环境规制变量与控制变量对出口贸易规模的综合影响与作用。系数 β_1、β_2、β_3、β_4、β_5 分别表示环境规制效率、环境规制强度、汇率、产业结构与成本加成能力对出口贸易规模的影响程度。

5.3.2　计量结果分析

为了系统研究中国环境规制的出口效应及其行业差异，揭示行业异质性对环境规制效应的影响，笔者选取 1992～2008 年中国 14 个工业行业的面板数据，通过截面加权广义最小二乘法（EGLS）对上述半对数固定效应变系数模型参数予以回归估计[①]。依据 Eviews6.0 估计的一阶线性估计加权矩阵，我们得到 5 个模型 14 个工业行业方程变量的回归系数及其 t 统计值，以及不同模型总体回归结果，经整理如表 5-17 所示。

根据表 5-17 回归结果，笔者发现如下几点经验性研究结论：

第一，我们所构建的半对数固定效应变系数模型拟合度较高，具有较好的解释力，而且从模型 I 至模型 V，拟合度逐步提升，调整后的决定系数（A-R²）相应从 0.953685、0.964541、0.979278、0.981167 提高到 0.981415。但是，随着汇率、产业结构、成本加成能力等控制因素的引入，环境规制对出口贸易的影响程度及其显著性均有所减弱。

---

① EGLS 旨在通过分解总体方差协方差矩阵，然后再使用 OLS 估计，从而减少截面数据造成的异方差影响。

表 5-17

半对数固定效应变系数模型 EGLS 回归结果

不同行业变量回归系数（被解释变量 lnEXP）

模型	变量	CK	SP	FZ	PG	ZZ	HX	YY	XJ	SL	FJ	HJ	YJ	JS	JD
模型 I	ERC	461.05*** (9.91)	17.01*** (11.59)	6.59*** (8.95)	2.42*** (4.11)	86.98*** (10.29)	120.41*** (6.27)	8.40*** (10.30)	10.68*** (9.79)	2.37*** (9.98)	69.42*** (3.94)	247.87*** (6.37)	78.23*** (6.95)	6.54*** (4.76)	3.08*** (8.30)
	FE	0.60	0.22	2.31	0.55	-1.58	0.24	-1.78	-1.74	-0.45	-0.49	-0.22	0.05	-0.17	2.45
	R^2	0.958961		A-R^2	0.953685		F	181.7455		D-W	1.259602		S.E	0.445440	
模型 II	ERC	319.52*** (5.77)	13.22*** (4.97)	4.63*** (4.57)	0.90 (1.23)	58.76*** (3.92)	59.41*** (2.71)	7.91*** (4.54)	7.50*** (6.09)	2.20*** (7.08)	28.92*** (2.95)	238.21*** (3.75)	64.86*** (3.75)	2.19 (1.15)	1.54*** (3.53)
	WCR	1.85*** (3.35)	0.58* (1.67)	1.35** (2.48)	1.73*** (2.80)	0.98** (2.18)	2.86*** (3.65)	0.14 (0.33)	3.96*** (3.47)	1.03 (0.86)	5.57*** (7.48)	0.52 (0.20)	1.08 (1.02)	4.03*** (2.83)	8.09*** (4.30)
	FE	0.96	1.55	3.09	1.43	-0.13	0.39	-0.33	-3.27	0.28	-2.69	0.88	0.90	-0.69	-2.38
	R^2	0.970676		A-R^2	0.964541		F	158.2401		D-W	1.300642		S.E	0.35809	
模型 III	ERC	342.72*** (7.68)	14.18*** (7.43)	4.81*** (6.87)	1.20 (1.61)	64.28*** (5.40)	88.37*** (5.22)	8.94*** (5.82)	8.61*** (8.75)	2.37*** (8.30)	33.30*** (3.70)	310.86*** (5.12)	67.48*** (4.94)	2.16 (1.08)	1.93*** (5.68)
	WCR	1.48*** (3.26)	0.38 (1.48)	1.05*** (2.75)	1.36** (2.08)	0.72** (2.00)	1.64** (2.62)	-0.22 (-0.55)	2.42** (2.49)	-0.90 (-0.65)	4.98*** (6.91)	-3.18 (-1.20)	0.91 (1.09)	4.01*** (2.71)	5.98*** (3.97)
	RER	0.13*** (3.03)	0.14*** (3.82)	0.17*** (4.06)	0.17 (1.36)	0.22*** (3.12)	0.31*** (3.98)	0.14** (2.53)	0.27*** (3.41)	0.26** (2.21)	0.18** (2.13)	0.40** (2.57)	0.27*** (3.07)	0.02 (0.11)	0.30*** (3.57)
	FE	1.22	1.57	2.94	1.22	-0.78	-0.53	-0.23	-3.15	0.82	-2.70	1.59	-0.07	0.21	-2.10
	R^2	0.984087		A-R^2	0.979278		F	204.6431		D-W	1.925556		S.E	0.30636	

不同行业变量回归系数（被解释变量 lnEXP）

模型	变量	CK	SP	FZ	PG	ZZ	HX	YY	XJ	SL	FJ	HJ	YJ	JS	JD
模型IV	ERC	282.51 (3.91)***	14.06 (7.14)***	4.81 (6.55)***	0.95 (1.11)	64.21 (4.93)***	61.94 (3.61)***	7.26 (4.80)***	8.09 (7.86)***	2.32 (8.62)***	32.19 (3.45)***	159.35 (1.96)*	56.07 (2.58)**	2.10 (0.87)	1.74 (5.33)***
	WCR	1.02 (1.61)	0.54 (1.40)	1.04 (2.28)**	1.56 (2.10)**	0.73 (1.52)	-0.26 (-0.29)	-1.55 (-2.32)**	1.50 (1.29)	-2.09 (-1.42)	4.35 (3.62)***	-7.13 (-2.55)**	-0.08 (-0.04)	4.14 (1.34)	3.27 (1.67)*
	RER	0.14 (3.20)***	0.15 (3.67)***	0.17 (3.60)***	0.21 (1.46)	0.22 (2.98)***	0.30 (4.55)***	0.11 (2.28)**	0.24 (3.14)***	0.26 (2.36)**	0.17 (1.96)*	0.42 (3.16)***	0.23 (2.28)**	0.02 (0.12)	0.25 (2.97)***
	CLR	0.01 (1.06)	-0.003 (-0.58)	0.0002 (0.01)	-0.02 (-0.62)	-0.0001 (-0.02)	0.03 (2.66)**	0.03 (2.33)**	0.02 (1.36)	0.02 (1.67)*	0.01 (0.67)	0.03 (2.42)**	0.01 (0.68)	-0.002 (-0.05)	0.03 (1.94)*
	FE	0.78	0.86	2.31	0.49	-1.41	-0.15	-0.46	-3.10	0.86	-2.96	3.82	0.00	-0.50	-0.54
	R²	0.988122	0.986650	A - R²		0.981167	F	179.9471		D - W	2.036547	S.E	0.297923		
模型V	ERC	177.97 (1.89)*	5.66 (2.00)**	4.78 (5.83)***	1.67 (1.01)	47.22 (3.17)**	38.66 (2.79)**	6.96 (4.73)***	7.94 (6.74)***	2.25 (5.57)***	35.30 (3.76)***	230.69 (2.43)**	70.86 (3.08)***	2.19 (0.85)	1.72 (4.79)***
	WCR	-0.23 (-0.24)	0.43 (1.52)	0.88 (1.46)	2.04 (1.81)*	0.38 (0.76)	-1.17 (-1.73)*	-1.69 (-2.52)**	1.24 (0.85)	-2.05 (-1.32)	5.33 (3.74)***	-5.40 (-1.80)*	0.47 (0.29)	4.54 (1.21)	3.11 (1.39)
	RER	0.13 (3.22)***	0.07 (1.97)*	0.20 (2.45)**	0.11 (0.48)	0.16 (1.74)*	0.32 (6.71)***	0.14 (2.31)**	0.26 (2.66)***	0.29 (1.82)*	0.13 (0.96)	0.32 (2.13)**	0.19 (1.92)*	-0.02 (-0.07)	0.26 (2.16)**
	CLR	0.02 (1.58)	-0.0004 (-0.09)	-0.00003 (-0.002)	-0.01 (-0.18)	-0.002 (-0.63)	0.04 (4.64)***	0.03 (2.15)**	0.02 (1.33)	0.01 (0.90)	0.001 (0.07)	0.02 (1.12)	0.01 (0.38)	-0.005 (-0.12)	0.03 (1.86)*
	CFP	0.02 (1.62)	0.08 (3.44)***	0.02 (0.48)	-0.19 (-0.58)	0.18 (1.89)*	0.10 (3.58)***	0.07 (1.62)	0.02 (0.32)	0.04 (0.27)	-0.002 (-0.05)	-0.06 (-1.36)	-0.06 (-1.22)	-0.04 (-0.21)	0.02 (0.18)
	FE	1.46	1.09	2.10	1.14	-1.17	-0.07	-1.23	-3.19	0.49	-3.39	3.47	0.05	-0.43	-0.69
	R²	0.988280		A - R²		0.981415	F	147.3313		D - W	2.11639	S.E	0.299280		

说明：FE 为固定效应，括号内数字为 t 统计值，*、**、*** 分别表示在10%、5%、1% 的水平上显著。

第二，如果仅仅考虑环境规制效率，该因素对 14 个工业行业出口的影响都十分显著，其中，对采矿业的影响程度最大，环境规制效率每提高 1%，出口增长率提高 461.05%；对塑料制品业的影响程度最小，环境规制效率每提高 1%，出口增长率提高 2.37%。但在环境规制强度、人民币平均汇率、资本劳动比、成本费用利润率等因素的交互作用下，环境规制效率对皮革、毛皮羽绒及其制品业与金属制品业的影响变得不显著。这可能是因为这两个行业的污染主要限于废水排放污染，或因不完全环境规制所致，从而说明有必要采取措施扩大环境规制的深度和广度。

第三，如果不考虑其他控制变量因素，环境规制强度对除医药制造业、塑料制品业、黑色金属冶炼及压延加工业、有色金属冶炼及压延加工业之外 10 个行业的出口规模存在显著正向影响。其中，对机械、电气、电子设备及交通运输设备制造业的影响程度最大，环境规制强度每提高 1%，出口增长率提高 8.09%；对食品、饮料和烟草制造业的影响程度最小，环境规制强度每提高 1%，出口增长率提高 0.58%。值得注意的是，在人民币平均汇率、资本劳动比、成本费用利润率等因素的作用和约束下，环境规制强度影响显著的行业数量由 10 个逐步下降到 9 个、6 个、5 个；而且，有些行业环境规制强度对出口呈负向影响，譬如化学原料及化学制品制造业、医药制造业、黑色金属冶炼及压延加工业 3 个行业的系数分别为：-1.17、-1.69、-5.40；尚有医药制造业、黑色金属冶炼及压延加工业等个别行业的环境规制强度系数在控制变量影响下由原来不显著反而变得显著。由此可见，环境规制强度对不同行业出口贸易的影响程度与影响方向均存在很大差异，这一点可能由于我国不同工业行业处于不同发展阶段所致，而且不同行业对环境规制的敏感性与环境技术进步水平也不尽相同。

第四，三个控制变量中，人民币平均汇率对皮革、毛皮羽绒及其制品业，非金属矿物制品业，金属制品业之外的 9 个工业行业出口影响显著，但资本劳动比仅对化学原料及化学制品制造业，医药制造业，机械、电气、电子设备及交通运输设备制造业 3 个行业产生显著影响，成本费用利润率也仅显著影响食品、饮料和烟草制造业，造纸及纸制品业，化学原料及化学制品制造业少数 3 个行业。相比较而言，环境规制效率与环境规制强度既定条件下，人民币平均汇率比资本劳动比、成本费用利润率对工业出口贸易的驱动作用更明显。需要说明的是，依据新古典与新国际贸易理论逻辑，在全球分工背景下，一国要素密集度、市场结构通常会成为一国对外贸易的重要驱动因素，从而上述计量结果与理论预期存在一些偏差，这也比较符合现阶段我国出口贸易增长方式仍比较落后，出口附加值较低，出口定价权缺失等实际情况。

5.4　实证性小结

（1）基于误差修正模型（ECM）的实证分析显示：有些年份，由于工业固体废物治理投入占用了部分生产资金，削弱了企业出口能力，存在一定贸易负效应，但总体上工业固体废物治理已经跨越早期资金投入阶段，开始对出口贸易显现一定的正效应；我国工业废气治理水平在近 10 几年中还未实现由边际成本递增向边际成本递减转变，废气规制总体上存在负的贸易效应；总体上，无论短期还是长期，任何以牺牲环境为代价的发展都将削弱我国工业各行业的出口贸易利得和竞争优势。

（2）基于 VAR 模型的实证分析显示：从长期看，中国工业出口贸易扩张与环境规制、环境技术进步之间存在稳定的均衡关系，自 1992 年以来，环境规制促进了环境成本内部化，进而轻微抑制了出口贸易扩张，而环境技术进步显著促进了出口贸易规模扩张，但环境技术进步对出口贸易扩张的正效应远远超过环境规制对出口贸易扩张的负效应，因此，不必过于担忧环境规制会削弱出口贸易比较优势，实行合理的环境规制仍然十分必要，甚或必须坚持不懈；从动态影响而言，无论环境规制还是环境技术进步，都会将其自身所受外部条件的冲击传递至出口贸易，并产生积极的扩张效应，但是，出口贸易扩张对环境技术进步的脉冲响应较之环境规制更为敏感；环境技术进步水平变动的贡献率远远大于环境规制水平变动的贡献率，即环境技术进步水平对出口贸易扩张水平的影响较之环境规制水平更为显著，因此，环境技术进步是影响出口贸易扩张的最主要因素。

（3）基于半对数固定效应变系数 Panel Data 模型的实证分析显示：首先，自中国实行社会主义市场经济体制改革以来，环境规制对出口贸易的影响十分显著。整体而言，环境规制效率、环境规制强度、人民币平均汇率、资本劳动比、成本费用利润率等因素的交互作用驱动了中国出口贸易增长与扩张，基于汇率、产业结构、成本加成能力等因素的制约，环境规制的变化可以很好地解释出口贸易规模的变动。其次，如果不考虑控制变量因素，环境规制效率对 14 个工业行业出口有显著的正效应，环境规制强度对 10 个工业行业出口存在显著正向影响；如果考虑控制变量因素，环境规制效率仅对个别行业出口的影响不显著，但环境规制强度对出口贸易的影响存在很大不确定性，不但影响显著的行业数量大幅下降，而且有些行业呈现正效应，有些行业存在负效应。再次，在汇率、产业结构、成本加成能力等控制因素的作用下，环境规制对出口贸易的影响程度及其显著性均有所削弱。相比较而言，人民币平均汇率对大部分工业行业出口显现显著的正效应，但资本劳动比与成本费用利润率仅仅对少数行业产生显著影响，从而人民币平均汇率比资本劳动比、成本费用利润率对工业出口贸易的驱动作用更明显。总体而言，模型各变量系数变化方向与理论预期基本一致，但各个变量对不同工业行业出口贸易的影响程度及其显著性水平存在明显差异。如果我国环境规制政策能充分考虑各驱动因素对出口贸易的不同影响与作用，相关环境规制措施与制度安排的合理性与有效性将会大大提高。

第6章　国际气候变化下出口贸易的碳排放效应

尽管人们对于国际气候变化的动因仍然存在许多争议和分歧，但是，人类生存与社会经济发展因气候变化而面临的严峻挑战基本成为不争的事实。20世纪90年代初期以来，从《联合国气候变化框架公约》、《京都议定书》、"巴厘岛路线图"到哥本哈根、德班国际气候谈判，影响各国经济、社会与环境的一系列国际气候制度安排逐步形成。同时，在国际气候变化和产业重构的双重压力下，低碳经济在各国迅速兴起并日益成为新兴市场国家促进社会经济可持续发展的重要力量。中国作为碳排放大国和贸易大国正将面临节能减排的巨大国际压力，如何开创一条有效应对国际气候变化的对外贸易可持续发展道路迫在眉睫。近年来，与贸易相关的碳排放问题研究逐步受到经济学界的广泛关注，积极探索国际气候变化背景下我国出口贸易的碳排放效应无疑具有重要的理论意义与现实针对性。

6.1　国际气候制度安排下的中国抉择

从经济学意义上看，气候变化问题的逻辑起点在于环境外部性和市场结构的不完全性。当人类社会工业化水平较低时，碳汇资源的稀缺性往往被经济增长所掩盖，但是，随着工业化程度的不断加深，以及贸易自由化纵深发展，经济活动对环境的负面影响逐渐呈现超越生态阈值的趋势，尤其是能源消费所带来的环境问题日益严重，温室气体排放所引致的全球气候变化对人类社会经济发展的挑战日趋严峻，高度外部化的环境成本越来越受到人们的高度重视。

经历30多年持续改革开放，中国已然成长为经济大国与贸易大国，同时，也是能源生产与消费大国，逐步攀高的环境成本正日趋成为我国对外贸易持续发展的障碍。虽然，《京都议定书》没有为发展中国家规定具体的减排或限排义务，但中国日益面临节能减排的巨大国际压力。据国际能源机构与世界银行估测，到 2025 年，我国二氧化碳排放总量可能超过美国，居世界第一位，每年碳交易量将超过 2 亿吨。可见，我国作为全球二氧化碳减排市场最大供应国，低碳经济发展前景极其广阔。近年来，欧盟各国、日本等发达国家纷纷制定积极的低碳经济发展目标和政策措施，抢占低碳经济发展先机，拓展发展空间。面对低碳经济，中国可谓挑战与机遇并存，未来 10 ~ 20 年是中国社会经济发展的重要机遇期，也是控制全球温室气体排放的关键时期。2007 年 9 月 8 日，胡锦涛同志在亚太经合组织（APEC）第 15 次领导人会议上明确解读了中国将走低碳经济道路的政策主张。自 2005 年至今，中国相继颁布了《可再生能源法》、《可再生能源发展规划》、《气候变化国家评估报告》、《中国应对气候变化国家方案》、《节能减排综合性工作方案》、《中国的能源状况与政策白皮书》、《应对气候变化的政策与行动白皮书》、《循环经济促进法》等一系列法律法规，这一系列举措表明中国推进节能减排和发展低碳经济已成定势。然而，总体上看，中国的低碳经济还处于起步阶段，缺乏专门、系统的低碳经济政策，且现有"节能减排"措施以行政手段为主，市场导向的经济手段尚待完善。从长期而言，为了努力促进市场机制的作用，首先考察出口贸易的碳排放效应十分必要。

6.2　出口贸易的碳排放效应基础模型分析框架

我们借鉴格罗斯曼和克鲁格（1991，1993）关于北美自由贸易区国际贸易环境效应研究的基本思想和模型框架，构建对外贸易的碳排放效应基础模型如下：

$$Z = \sum_{i=1}^{k} s_i \cdot e_i \cdot X \qquad (6-1)$$

其中，Z 代表所考察的全部行业或地区的出口贸易所导致的二氧化碳排放总量，反映全部行业或地区碳排放水平；s_i 为 i 行业或地区产品出口额占所有行业或地区出口总额的份额，反映出口贸易结构；e_i 为 i 行业或地区碳排放密集度，反映技术进步；X 为所有行业或地区出口总额，反映出口贸易规模。此外，k 为行业或地区总个数。再对式（6-1）进行求导，进一步从出口贸易结构、技术进步、出口贸易规模三个途径分解二氧化碳排放量的变化，可得：

$$\mathrm{d}Z = \sum_{i=1}^{k} e_i \cdot X \cdot \mathrm{d}s_i + \sum_{i=1}^{k} s_i \cdot X \cdot \mathrm{d}e_i + \sum_{i=1}^{k} s_i \cdot e_i \cdot \mathrm{d}X \qquad (6-2)$$

式（6-2）中 $\mathrm{d}Z$、$\mathrm{d}s_i$、$\mathrm{d}e_i$、$\mathrm{d}X$ 为变量 Z、s_i、e_i、X 的一阶导数，分别反映行业或地区碳排放水平、出口贸易结构、技术进步与出口贸易规模的变化。进而，$\sum_{i=1}^{k} e_i \cdot X \cdot \mathrm{d}s_i$、$\sum_{i=1}^{k} s_i \cdot X \cdot \mathrm{d}e_i$、$\sum_{i=1}^{k} s_i \cdot e_i \cdot \mathrm{d}X$ 可分别衡量行业或地区出口贸易结构、技术进步、出口贸易规模变化对行业或地区碳排放量变化的影响，即：行业或地区视角的结构效应、技术效应、规模效应。

6.3　中国出口的碳排放效应：基于行业视角实证分析

6.3.1　模型、变量及数据

6.3.1.1　计量模型构建

依据前文基础模型分析框架，并受科普兰与泰勒尔建立的贸易与环境一般均模型及国内学者刘林奇（2009）改进的国际贸易环境效应模型启发，[①] 充分考虑我国市场经济基本特征与研究数据的可获得性，从工业行业视角，以二氧化碳排放量为被解释变量，以行业规模、行业结构、国内市场化程度、出口依存度为解释变量，拟构建以下计量经济模型对我国工业出口贸易的碳排放效应予以考察：

$$\ln Z_{it} = C_{it} + a_1 \ln G_{it} + a_2 \ln K_{it} + a_3 \ln M_{it} + a_4 \ln E_{it} + U_{it} \qquad (6-3)$$

---

① 相关理论模型可参见布莱恩·科普兰、泰勒尔：《贸易与环境——理论与实证》，上海格致出版社、上海人民出版社 2009 年版，第 69~769 页。刘林奇：《我国对外贸易环境效应理论与实证分析》，载于《国际贸易问题》2009 年第 3 期，第 72~73 页。

式（6-3）中 Z_{it}、G_{it}、K_{it}、M_{it}、E_{it}、C_{it}、U_{it} 分别表示 i 行业 t 时间的二氧化碳排放量、行业规模、行业结构、国内市场化程度、出口依存度、常数项以及随机误差项。为了消除可能存在的异方差性，所有指标皆进行了对数处理，分别表示为 $\ln Z_{it}$、$\ln G_{it}$、$\ln K_{it}$、$\ln M_{it}$、$\ln E_{it}$。其中 a_1、a_2、a_3、a_4 为行业规模、行业结构、国内市场化程度、出口依存度对碳排放的影响所占的权重，分别反映规模效应、结构效应、市场效应、政策效应的大小和方向。

6.3.1.2 变量说明

二氧化碳排放量依据国家气候变化对策协调小组办公室和国家发展改革委员会能源研究所（2007）采取的技术方法，由化石能源消费量间接估算所得，具体计算公式如下：

$$CO_2 = \sum_{i=1}^{6} CO_{2i} = \sum_{i=1}^{6} EC_i \times \theta_i \qquad (6-4)$$

式（6-4）涉及煤炭、汽油、煤油、柴油、燃料油和天然气六种能源消费量。EC_i 表示 i 种能源的消费量，θ_i 表示 i 种能源的二氧化碳排放系数，具体如表6-1所示。

表6-1 二氧化碳排放系数

能源	煤炭	汽油	煤油	柴油	燃料油	天然气
CO_2 排放系数	1.776	3.045	3.174	3.150	3.064	21.670

注：数据取自国家气候变化对策协调小组办公室和国家发展改革委员会能源研究所（2007）。

另外，行业规模以行业 GDP 表示；资本-劳动比为固定资本原价与职工人数之比，表征行业结构；国内市场化程度用规模以上非国有企业工业总产值占规模以上国有（含国有控股）及非国有企业工业总产值之和的比来表示；出口依存度为各行业出口额占行业 GDP 之比。

6.3.1.3 数据处理

此研究对象多为污染密集型工业行业，这些行业在我国对外贸易中占据重要地位，同时对环境规制十分敏感。基于数据可获得性以及统计口径一致性考虑，我们选取第二产业中除"电力、燃气及水的生产和供应业"、建筑业两大门类①以及"木材加工及木、竹、藤、棕、草制品业，家具制造业，印刷业和记录媒介的复制，文教体育用品制造业，石油加工、炼焦及核燃料加工业，化学纤维制造业，工艺品及其他制造业，废弃资源和废旧材料回收加工业"8 种较难获取数据或数据匹配性很弱的制造业之外的 28 个大类。为避免因个别行业数据偏小不利于获取实证结果，我们对 28 个大类进行数据再归类与合并，最终得到以下 14 个工业行业面板数据：采矿业，食品、饮料和烟草制造业，纺织业、服装、鞋、帽制造业，皮革、毛皮羽绒及其制品业，造纸及纸制品业，化学原料及化学制品制造业，医药制造业，橡胶制品业，塑料制品业，非金属矿物制品业，黑色金属冶炼及压延加工业，有色金属冶炼及压延加工业，金属制品业，机械、电气、电子设备及交通运输设备制造业，分别以 CK、SP、FZ、PG、ZZ、HX、YY、XJ、SL、FJ、HS、YS、JS、JX 标示②。另外，研究样本限于 1999～2008 年国有及国有规模以上（年销售收入 500 万元以上）的工业企业，也不考虑国际与区际污染扩张以及中间产品行业污染转移问题。其中，各工业行业出口额数据源于《中国海关统计年鉴》与《中国对外经济统计年鉴》，各工业行业 GDP、固定资产原价、职工人数、规模以上③国有及国有控股工业企业产值、规模以上非国有工业企业产值，以及煤炭、汽油、煤油、柴油、燃料油和天然气终端消费量数据取自《中国工业经济统计年鉴》、《中国统计年鉴》。

6.3.2　计量分析

6.3.2.1　模型形式检验

如果模型形式不正确，将导致估计结果呈现较大偏差，从而，我们通

---

　　①　根据中国《国民经济行业分类》（GB/T 4754—2002），第二产业包括采矿业，制造业，电力、燃气及水的生产和供应业，建筑业四个门类，其中前三个门类构成一般意义上的工业部门。

　　②　李怀政：《出口贸易的环境效应实证研究》，载于《国际贸易问题》2010 年第 3 期，第 81～82 页。

　　③　规模以上意指年销售收入 500 万元以上。

过 F 检验与豪斯曼（Hausman）检验对前文所构建的基础模型［如式（6 - 3）所示］形式予以设定。

首先，进行 F 检验[①]。

根据面板数据可以获得：$S_1 = 0.460632$，$S_2 = 1.732001$，$S_3 = 131.6499$，$N = 14$，$T = 10$，$k = 4$，检验统计量 F_1 与 F_2 在 0.05 置信水平下的相应临界值分别为 $F_1 \sim F_{0.05}$（52，70）$= 1.524202$，$F_2 \sim F_{0.05}$（39，70）$= 1.570558$，同时利用 F 检验公式计算得到 $F_2 = 306.710672$，$F_1 = 3.715457$。由于 $F_2 > F_{0.05}$（39，70），$F_1 > F_{0.05}$（52，70），所以数据支持建立变截距、变系数面板模型。

其次，进行豪斯曼（Hausman）检验。该检验原假设为个体影响与解释变量无关，即存在随机效应。检验在 0.01 的显著性水平下拒绝了原假设，所以应该建立固定效应模型。检验结果如表 6 - 2 所示。

表 6 - 2　　　　　　　　　　豪斯曼检验结果

效应检验	卡方统计值	P 值
随机效应（截面）	14.312801	0.0064

再次，进行计量模型形式设定。基于 F 检验、豪斯曼（Hausman）检验结论，我们选择一个既存在个体影响，又体现结构变化的变系数固定效应面板数据模型形式：

$$y_{it} = a_i + \beta_i x_{it} + \mu_{it} \quad (i = 1, \cdots, N; \ t = 1, \cdots, T) \quad (6 - 5)$$

其中 $\alpha_i = \alpha + \delta_i + \eta_t$，$\alpha$ 表示总体效应，δ_i 表示截面（行业）固定效应，η_t 表示时期效应，但由于面板模型的基本假定是时间序列参数齐性，故仅有 $\alpha_i = \alpha + \delta_i$。据此，我们可以建立一个具体的变系数固定效应模型如下：

$$\ln Z_{it} = (\alpha + \delta_i) + \beta_{1i} \ln G_{it} + \beta_{2i} \ln K_{it} + \beta_{3i} \ln M_{it} + \beta_{4i} \ln E_{it} + U_{it} \quad (6 - 6)$$

6.3.2.2　回归估计结果

为了消除个体间的异方差，增强系数标准差估计值的稳健性，笔者采用截面加权广义最小二乘法对式（6 - 6）所示模型予以回归估计，结果如表 6 - 3、表 6 - 4 所示。

---

① F 检验方法参照前文 "4.4.3" 所述。

表6-3 变系数固定效应模型回归估计结果

变量	系数	t 统计值	P 值
C	4.635617	113.1254	0.0000

固定效应（截面）

CK—C	7.345552	SP—C	2.591664	FZ—C	-4.799418	PG—C	-1.578010
ZZ—C	1.055153	HX—C	1.855344	YY—C	2.007760	XJ—C	-3.747420
SL—C	-6.069320	FJ—C	-3.790917	HS—C	4.729675	YS—C	1.326869
JS—C	-1.692962	JX—C	0.766030				
lnG_CK	-0.024712	-1.471047	0.1458	lnM_CK	16.07546	23.79678***	0.0000
lnG_SP	-0.083510	-24.29623***	0.0000	lnM_SP	0.211724	4.660055***	0.0000
lnG_FZ	1.376809	91.52204***	0.0000	lnM_FZ	-3.928629	-42.78280***	0.0000
lnG_PG	0.314353	8.826394***	0.0000	lnM_PG	-3.012042	-3.660506***	0.0005
lnG_ZZ	0.701530	47.11263***	0.0000	lnM_ZZ	2.084471	32.28587***	0.0000
lnG_HX	0.500635	136.6783***	0.0000	lnM_HX	0.309307	30.83517***	0.0000
lnG_YY	0.556206	34.14651***	0.0000	lnM_YY	-0.013819	-0.187076	0.8521
lnG_XJ	0.970916	175.9392***	0.0000	lnM_XJ	-0.423008	-21.49503***	0.0000
lnG_SL	1.086662	44.78737***	0.0000	lnM_SL	-11.00715	-31.37921***	0.0000
lnG_FJ	2.317018	18.46482***	0.0000	lnM_FJ	-0.387115	-1.730779*	0.0879
lnG_HS	0.069066	11.06365***	0.0000	lnM_HS	0.391086	45.22281***	0.0000
lnG_YS	0.414158	42.20989***	0.0000	lnM_YS	0.493237	13.71139***	0.0000
lnG_JS	0.424789	16.23199***	0.0000	lnM_JS	-4.816425	-17.91409***	0.0000
lnG_JX	0.411989	68.92217***	0.0000	lnM_JX	11.15894	37.99351***	0.0000
lnK_CK	-0.002272	-0.103514	0.9179	lnE_CK	-0.233438	-13.64135***	0.0000
lnK_SP	-0.201222	-27.64025***	0.0000	lnE_SP	-0.901436	-212.8567***	0.0000
lnK_FZ	-2.615065	-59.83783***	0.0000	lnE_FZ	-0.374957	-20.80182***	0.0000
lnK_PG	-0.125746	-1.257640	0.2127	lnE_PG	0.026322	2.279850**	0.0257
lnK_ZZ	-0.894877	-39.92112***	0.0000	lnE_ZZ	-0.036277	-1.741304*	0.0860
lnK_HX	-0.566534	-101.9779***	0.0000	lnE_HX	-0.403012	-31.37746***	0.0000
lnK_YY	-0.398185	-5.823415***	0.0000	lnE_YY	0.852227	38.22839***	0.0000
lnK_XJ	-1.049445	-126.8857***	0.0000	lnE_XJ	-0.544357	-72.59153***	0.0000
lnK_SL	-0.568684	-5.534586***	0.0000	lnE_SL	0.526095	10.86492***	0.0000
lnK_FJ	-3.791678	-12.45838***	0.0000	lnE_FJ	0.671804	12.16698***	0.0000
lnK_HS	0.266157	31.00339***	0.0000	lnE_HS	0.129050	87.89075***	0.0000
lnK_YS	-0.229736	-5.614738***	0.0000	lnE_YS	0.150146	19.55518***	0.0000
lnK_JS	-0.188571	-2.952492***	0.0043	lnE_JS	0.022273	0.639057	0.5249
lnK_JX	-0.908604	-101.3140***	0.0000	lnE_JX	-1.283841	-117.4528***	0.0000

注：表6-3中CK、SP、FZ、PG、ZZ、HX、YY、XJ、SL、FJ、HS、YS、JS、JX表示各工业行业；G_、E_、M_、K_分别代表各行业截面工业产值、出口依存度、市场化程度、资本劳动比；—C代表各行业截面固定效应截距项；"*"、"**"、"***"分别表示系数通过10%、5%、1%的显著性水平检验。

表 6 - 3 显示绝大多数参数 t 统计值偏大、P 值偏小，除工业产值自变量中采矿业，贸易依存度自变量中金属制品业出口，资本劳动比中采矿业和皮革、毛皮羽绒及其制品业，市场化程度中医药制造业的系数未通过显著性检验，其余变量都通过了 1% 或 5% 或 10% 水平下的显著性检验，表明截面方程的拟合优度较好。同时，观察表 6 - 4 所列的模型回归整体拟合结果，调整的判定系数达到 0.997331，F 统计值为 753.8550，德宾沃森检验值为 2.159217，可见模型具有较强的解释力。

表 6 - 4　　　　　　　　　面板模型回归拟合状况

测定系数	0.998656	调整后测定系数	0.997331
F 统计值	753.8550	因变量标准差	1.570294
F 值伴随概率	0.000000	德宾沃森统计值	2.159217

6.3.2.3　计量结果分析

根据表 6 - 3 的估计结果，各行业出口贸易的碳排放效应经整理如表 6 - 5 所示。

表 6 - 5　　　　　　　　14 个工业行业出口贸易的碳排放效应

工业行业	规模效应 (β_1)	结构效应 (β_2)	市场效应 (β_3)	政策效应 (β_4)	总效应
矿业（CK）	0	0	+ 16.07546	- 0.233438	+ 15.84202
食品、饮料和烟草制造业（SP）	- 0.083510	- 0.201222	+ 0.211724	- 0.901436	- 0.97444
纺织业、服装、鞋、帽制造业（FZ）	+ 1.376809	- 2.615065	- 3.928629	- 0.374957	- 5.54184
皮革、毛皮羽绒及其制品业（PG）	+ 0.314353	0	- 3.012042	+ 0.026322	- 2.67137
造纸及纸制品（ZZ）	+ 0.701530	- 0.894877	+ 2.084471	- 0.036277	+ 1.854847
化学原料及化学制品制造业（HX）	+ 0.500635	- 0.566534	+ 0.309307	- 0.403012	- 0.1596

工业行业	规模效应 (β_1)	结构效应 (β_2)	市场效应 (β_3)	政策效应 (β_4)	总效应
医药制造业（YY）	+0.556206	-0.398185	0	+0.852227	+1.010248
橡胶制品业（XJ）	+0.970916	-1.049445	-0.423008	-0.544357	-1.04589
塑料制品业（SL）	+1.086662	-0.568684	-11.00715	+0.526095	-9.96308
非金属矿物制品（FJ）	+2.317018	-3.791678	-0.387115	+0.671804	-1.18997
黑色金属冶炼及压延加工业（HS）	+0.069066	+0.266157	+0.391086	+0.129050	+0.855359
有色金属冶炼及压延加工业（YS）	+0.414158	-0.229736	+0.493237	+0.150146	+0.827805
金属制品业（JS）	+0.424789	-0.188571	-4.816425	0	-4.58021
机械、电气、电子及交通运输设备业（JX）	+0.411989	-0.908604	+11.15894	-1.283841	+9.378484

注："0"代表系数统计值没有通过显著性水平检验，表示不存在碳排放效应；"+"显示系数估值为正，表征存在消极的碳排放效应；"-"显示系数估值为负，表征存在积极的碳排放效应。

（1）出口贸易碳排放规模效应。观察表 6-5 行业规模的回归系数可以发现，CK 对碳排放的影响并不明显；SP 的规模效应为负，该行业产值每提高 1 个百分点将使其二氧化碳排量降低 0.0835%；其余 FZ、PG、ZZ、HX、YY、XJ、SL、FJ、HS、YS、JS、JX 12 个行业均存在正的规模效应，若工业产值每增长 1 个百分点，二氧化碳排量将分别增长 1.3768%、0.3144%、0.7015%、0.5006%、0.5562%、0.9709%、1.0867%、2.3170%、0.0690%、0.4142%、0.4248%、0.4120%。总体而言，工业出口贸易扩张加剧了二氧化碳排放量的上升。

（2）出口贸易碳排放结构效应。从表 6-5 行业结构的回归系数可以发现，CK 和 PG 的结构效应不显著；HS 具有正的结构效应，其资本劳动比每提高 1 个百分点将使其二氧化碳排量提高 0.2662%，表明 HS 生产呈现碳密集倾向；除此之外，SP、FZ、ZZ、HX、YY、XJ、SL、FJ、YS、JS、JX 11 个行业均存在负的结构效应，若资本劳动比每提高一个百分点，二氧化碳排量将分别降低 0.2012%、2.6151%、0.8949%、0.5665%、

0.3982%、 1.0494%、 0.5687%、 3.7917%、 0.2297%、 0.1885%、0.9086%，这表明这些行业贸易结构的变化有助于降低二氧化碳排放。

（3）出口贸易碳排放市场效应。从表6-5市场化程度的回归系数可以发现，YY的市场效应不显著；CK、SP、ZZ、HX、HS、YS、JX 7个行业存在正的市场效应，若市场化程度每提高一个百分点，二氧化碳排量将分别增长 16.0755%、0.2117%、2.0845%、0.3093%、0.3911%、0.4932%、11.1589%，表明这些行业节能减排的压力较大；而FZ、PG、XJ、SL、FJ、JS 6个行业的市场效应为负，市场化程度每提高一个百分点二氧化碳排量将分别降低 3.9286%、3.0120%、0.4230%、11.0071%、0.3871%、4.8164%，表明这些行业仍有较大发展空间。

（4）出口贸易碳排放政策效应。表6-5出口贸易依存度的回归系数显示，JS的政策效应不显著；CK、SP、FZ、ZZ、HX、XJ、JX 7个行业存在负的政策效应，出口贸易依存度每上升一个百分点二氧化碳排量分别降低 0.2334%、0.9014%、0.3750%、0.0363%、0.4030%、0.5444%、1.2838%，表明这些行业的贸易政策没有加剧碳排放；而PG、YY、SL、FJ、HS、YS 6个行业的政策效应为正，若出口贸易依存度指标每提高一个百分点，二氧化碳排量分别增长 0.0263%、0.8522%、0.5261%、0.6718%、0.1291%、0.1501%，表明这些行业的贸易政策较为宽松，节能减排的任务尤为艰巨。

（5）出口贸易对碳排放的总效应。总体而言，CK、ZZ、YY、HS、YS、JX 6个行业的出口对碳排放存在消极影响，出口每增长一个百分点碳排放量分别会上升 15.84202%、1.854847%、1.010248%、0.855359%、0.827805%、9.378484%，说明这些行业碳密集倾向较为严重，有较大的减排空间；相反，SP、FZ、PG、HX、XJ、SL、FJ、JS 8个行业的出口对碳排放存在积极影响，出口每增长一个百分点碳排放量分别会下降 0.97444%、5.54184%、2.67137%、0.1596%、1.04589%、9.96308%、1.18997%、4.58021%，这一结果似乎有悖于我们结合中国工业行业能源消耗等现实因素所做的预测，笔者认为主要缘于两种原因：一方面，这些行业二氧化碳排放量存在低估现象；另一方面，这些行业出口增长通过引致行业结构优化、市场效率提升，最终促进了碳排放状况的改进。

6.3.2.4　面板数据变量格兰杰因果关系检验

（1）检验方法。人们通常采用格兰杰（Granger）检验法甄别时间序列变量因果关系，但该方法对于面板数据变量却无能为力，从而，我们试图采用 EG（Engle and Granger）两步法对面板数据变量的因果关系予以检验与分析。第一步，根据式（6-7）与式（6-8）对两变量进行回归，并获得相应残差序列 e_{it}，并对残差序列 e_{it} 进行单位根检验，再依据检验结果判断残差序列的平稳性，如果残差序列是平稳的，则可说明两变量之间存在协整关系，即存在某种长期因果关系。

$$Y_{it} = \alpha_{it}^0 + \beta_{it}^0 X_{it} + e_{it} \qquad (6-7)$$

$$X_{it} = \alpha_{it}^1 + \beta_{it}^1 Y_{it} + e_{it} \qquad (6-8)$$

若证实两变量之间存在长期均衡关系，我们将引入长期均衡的误差修正机制，构建如式（6-9）和式（6-10）的面板数据误差修正模型进一步检验两变量间短期因果关系。若证实不存在长期均衡关系，我们将利用式（6-11）和式（6-12）的面板模型，验证变量间短期因果关系。

$$\Delta Y_{it} = \alpha_{it}^2 + \sum_{k=1}^{m} \chi_{it}^0 \Delta Y_{i(t-k)} + \sum_{k=1}^{m} \gamma_{it}^0 \Delta X_{i(t-k)} + \lambda_{it} ECM_{i(t-1)} + e_{it}$$

$$(6-9)$$

$$\Delta X_{it} = \alpha_{it}^3 + \sum_{k=1}^{m} \chi_{it}^1 \Delta Y_{i(t-k)} + \sum_{k=1}^{m} \gamma_{it}^1 \Delta X_{i(t-k)} + \lambda_{it} ECM_{i(t-1)} + e_{it}$$

$$(6-10)$$

$$Y_{it} = \alpha_{it}^4 + \sum_{k=1}^{m} \chi_{it}^2 Y_{i(t-k)} + \sum_{k=1}^{m} \gamma_{it}^2 X_{i(t-k)} + e_{it} \qquad (6-11)$$

$$X_{it} = \alpha_{it}^5 + \sum_{k=1}^{m} \chi_{it}^3 Y_{i(t-k)} + \sum_{k=1}^{m} \gamma_{it}^3 X_{i(t-k)} + e_{it} \qquad (6-12)$$

注：式（6-7）～（6-12）皆假设基于一个包含 i 个截面 t 个时间跨度的面板数据，其中，$i = 1 \cdots N$，$t = 1 \cdots T$；α_{it}^k（$k = 0 \cdots 5$）为常数项；β_{it}^k（$k = 0 \cdots 1$），χ_{it}^k（$k = 1 \cdots 3$），γ_{it}^k（$k = 1 \cdots 3$）为系数；$ECM_{i(t-1)}$ 为误差修正项；e_{it} 为残差项；Δ 代表一阶差分；k 代表各滞后项的滞后阶数。

（2）面板数据变量长期因果关系检验。首先，进行面板数据单位根检验，为避免因检验方法差异可能导致结果不同，笔者根据单位根检验原假设，选取其中 LLC 检验、Hadri 检验和 ADF - Fisher 检验三个较具代表性的方法进行检验，检验结果如表6－6所示。

表6－6　　　　　　　　面板序列单位根检验结果

面板序列变量	检验方法	检验方程形式	检验统计量	相伴概率	结果
$\ln Z/$ $\Delta^2\ln Z$	Levin，Lin & Chu	FT/FT	$-7.67146/-9.25898$	0.0000/0.0000	Y/Y
	Hadri	FT/F	$3.99763/-0.86443$	0.0000/0.8063	N/Y
	ADF－Fisher	FT/FT	53.5904/54.6534	0.0025/0.0019	Y/Y
$\ln G/$ $\Delta^2\ln G$	Levin，Lin & Chu	FT/FT	$-6.87545/-9.52363$	0.0000/0.0000	Y/Y
	Hadri	FT/F	7.54518/54.5651	0.0000/0.7443	N/Y
	ADF－Fisher	FT/FT	45.6772/54.5651	0.0188/0.0019	Y/Y
$\ln K/$ $\Delta^2\ln K$	Levin，Lin & Chu	FT/FT	$-1.55785/-12.4877$	0.0596/0.0000	Y/Y
	Hadri	FT/F	15.6537/0.92078	0.0000/0.1786	N/Y
	ADF－Fisher	FT/FT	34.7672/67.9100	0.1767/0.0000	N/Y
$\ln M/$ $\Delta\ln M$	Levin，Lin & Chu	FT/FT	$3.15326/-13.8085$	0.9992/0.0000	N/Y
	Hadri	FT/F	14.4599/1.11434	0.0000/0.1326	N/Y
	ADF－Fisher	FT/FT	7.62314/60.8643	1.0000/0.0003	N/Y
$\ln E/$ $\Delta\ln E$	Levin，Lin & Chu	FT/FT	$-10.4188/-11.1850$	0.0000/0.0000	Y/Y
	Hadri	FT/F	4.37130/0.36581	0.0000/0.3573	N/Y
	ADF－Fisher	FT/FT	42.1085/57.6347	0.0423/0.0008	Y/Y

注：检验结果均在5%的置信水平下获取；FT/F为检验方程外生回归量形式，FT表示既包括截距项又包括趋势项，F表示仅包括截距项；检验结果若为平稳用"Y"表示，若为不平稳用"N"表示；"Δ"代表面板数据一阶差分，"Δ^2"表示面板数据二阶差分。

由表6－6可以发现，$\ln M$ 和 $\ln E$ 为一阶单整，$\ln Z$、$\ln K$ 和 $\ln G$ 为二阶单整。由于 $\ln Z$ 与 $\ln M$、$\ln Z$ 与 $\ln E$ 不为同阶单整，所以两组变量均无法进行协整检验。但 $\ln Z$、$\ln K$ 与 $\ln G$ 同为二阶单整，变量两两间可以进行协整关系检验。首先，将 $\ln Z$ 分别与 $\ln K$、$\ln G$ 两变量进行回归，进而对回归所获残差序列（e_{it}）进行单位根检验，如表6－7所示。

表 6 - 7　　　　　　　残差序列（e_{it}）单位根检验

因果假设	检验方法	检验方程形式	检验统计量	相伴概率	检验结果
	Levin，Lin and Chu	FT	- 11. 2032	0. 0000	Y
ln$K$ 是 ln$Z$ 的原因	Hadri	F	- 0. 12063	0. 5480	Y
	ADF - Fisher	FT	53. 4398	0. 0026	Y
	Levin，Lin and Chu	FT	- 14. 7925	0. 0000	Y
ln$Z$ 是 ln$K$ 的原因	Hadri	F	2. 62285	0. 0044	N
	ADF - Fisher	FT	50. 0793	0. 0063	Y
	Levin，Lin and Chu	F	- 7. 94841	0. 0000	Y
ln$G$ 是 ln$Z$ 的原因	Hadri	F	- 0. 23222	0. 5918	Y
	ADF - Fisher	FT	53. 9704	0. 0023	Y
	Levin，Lin and Chu	FT	- 8. 22842	0. 0000	Y
ln$Z$ 是 ln$G$ 的原因	Hadri	F	5. 79237	0. 0000	N
	ADF - Fisher	FT	55. 1525	0. 0016	Y

注：检验结果均在 5% 的置信水平下获取；FT/F 为检验方程外生回归量形式，FT 表示既包括截距项又包括趋势项，F 表示仅包括截距项；Y/N 表示因果性假设成立与否，Y 表示是，N 表示否。

检验结果表明，当 ln$K$ 作为自变量、ln$Z$ 为因变量时获得的残差数据通过了 5% 显著性水平下三种方法的平稳性检验，但是，当 ln$Z$ 做自变量、ln$K$ 为因变量时获得的残差数据无法通过 Hadri 检验，即不平稳，因此可以认为，在长期 ln$K$ 是 ln$Z$ 的原因，但不支持 ln$Z$ 是 ln$K$ 的原因。同理，在长期 ln$G$ 是 ln$Z$ 的原因，但不支持 ln$Z$ 是 ln$G$ 的原因。

（3）面板数据变量短期因果关系检验。基于前文长期因果关系检验结果，再根据 EG 两步法第二步逻辑思路进行短期因果关系检验，一方面，采用方程（6 - 9）、（6 - 10）分别检验 ln$K$ 是 ln$Z$ 的原因、ln$G$ 是 ln$Z$ 的原因；另一方面，采用方程（6 - 11）、（6 - 12）分别检验 ln$Z$ 是 ln$K$ 的原因、ln$Z$ 是 ln$G$ 的原因、ln$M$ 是 ln$Z$ 的原因、ln$Z$ 是 ln$M$ 的原因、ln$E$ 是 ln$Z$ 的原因、ln$Z$ 是 ln$E$ 的原因，检验结果如表 6 - 8 所示。

表6-8　面板数据序列因果关系检验结果

变量	模型1（被解释变量：lnZ） 系数	t统计值	P值	变量	模型2（被解释变量：lnE） 系数	t统计值	P值
C	-0.682791	-0.951737	0.3462	C	1.155212	0.911215	0.3669
$\ln E(-1)$	0.149725	4.415154	0.0001	$\ln E(-1)$	0.545362	3.589499	0.0008
$\ln Z(-1)$	0.160570	4.484205	0.0000	$\ln Z(-1)$	0.221835	2.077253	0.0434
$\ln E(-2)$	-0.046719	-1.197930	0.2371	$\ln E(-2)$	0.362114	2.108819	0.0404
$\ln Z(-2)$	0.139798	7.273085	0.0000	$\ln Z(-2)$	-0.044649	-0.468346	0.6417
$\ln E(-3)$	-0.227879	-3.327561	0.0017	$\ln E(-3)$	-0.282314	-1.421681	0.1619
$\ln Z(-3)$	-0.003785	-0.094409	0.9252	$\ln Z(-3)$	-0.356394	-3.940416	0.0003
$\ln E(-4)$	-0.027334	-1.974885	0.0543	$\ln E(-4)$	-0.033701	-0.536178	0.5944
$\ln Z(-4)$	0.508877	13.98557	0.0000	$\ln Z(-4)$	-0.280984	-2.555002	0.0140
$\ln E(-5)$	-0.012458	-1.653725	0.1050	$\ln E(-5)$	0.050085	1.053956	0.2974
$\ln Z(-5)$	0.277008	3.855089	0.0004	$\ln Z(-5)$	0.223672	1.709410	0.0941
R^2	0.999508	Ad-R^2	0.999261	R^2	0.994677	Ad-R^2	0.992015
F统计值	4060.134	Prob	0.000000	F统计值	373.7085	Prob	0.000000
D-W		1.837370		D-W		2.064058	

模型3（被解释变量：$\ln Z$）

变量	系数	t统计值	P值
C	8.219290	104.8725	0.0000
$\Delta\ln Z\,(-1)$	−0.205317	−0.665687	0.5080
$\Delta\ln K\,(-1)$	1.096598	2.803192	0.0067
$\Delta\ln Z\,(-2)$	−0.274424	−0.965028	0.3382
$\Delta\ln K\,(-2)$	0.209731	0.558538	0.5785
$\Delta\ln Z\,(-3)$	0.269482	1.545347	0.1273
$\Delta\ln K\,(-3)$	0.368085	0.994252	0.3239
$ECM\,(-1)$	0.998799	2.663370	0.0098
R^2	0.994786	Ad$-R^2$	0.993131
F统计值	601.0486	Prob	0.000000
D$-$W			1.720221

模型4（被解释变量：$\ln K$）

变量	系数	t统计值	P值
C	0.418979	1.640951	0.1044
$\ln Z\,(-1)$	0.005853	0.131053	0.8960
$\ln K\,(-1)$	0.575995	5.662331	0.0000
$\ln Z\,(-2)$	0.055237	1.203976	0.2318
$\ln K\,(-2)$	−0.024490	−0.20826	0.8355
$\ln Z\,(-3)$	0.093490	2.050346	0.0433
$\ln K\,(-3)$	0.039117	0.334964	0.7384
R^2	0.997586	Ad$-R^2$	0.996998
F统计值	1696.611	Prob	0.000000
D$-$W			2.011842

模型5（被解释变量：$\ln Z$）

变量	系数	t统计值	P值
C	0.120928	3.306584	0.0018
$\Delta\ln Z\,(-1)$	0.824174	3.371970	0.0015
$\Delta\ln G\,(-1)$	−0.401145	−4.558454	0.0000
$\Delta\ln Z\,(-2)$	0.505541	2.663298	0.0106
$\Delta\ln G\,(-2)$	−0.167663	−1.376404	0.1752

模型6（被解释变量：$\ln G$）

变量	系数	t统计值	P值
C	1.396687	3.667632	0.0005
$\ln Z\,(-1)$	−0.067466	−1.163377	0.2491
$\ln G\,(-1)$	0.996818	7.532596	0.0000
$\ln Z\,(-2)$	−0.041779	−0.648160	0.5193
$\ln G\,(-2)$	−0.060558	−0.315336	0.7536

续表

模型 5（被解释变量：lnZ）

变量	系数	t 统计值	P 值
ΔlnZ（-3）	0.127005	0.918639	0.3630
ΔlnG（-3）	-0.148549	-3.953098	0.0003
ΔlnZ（-4）	0.061987	0.713232	0.4792
ΔlnG（-4）	0.043170	0.498450	0.6205
ECM（-1）	-2.297795	-6.683371	0.0000
R^2	0.934251	Ad-R²	0.903475
F 统计值	30.35633	Prob	0.000000
D-W	1.957156		

模型 6（被解释变量：lnG）

变量	系数	t 统计值	P 值
lnZ（-3）	0.135825	2.247564	0.0282
lnG（-3）	-0.153490	-0.918685	0.3618
lnZ（-4）	-0.216228	-4.567538	0.0000
lnG（-4）	0.269954	2.266755	0.0269
R^2	0.998805	Ad-R²	0.998400
F 统计值	2466.840	Prob	0.000000
D-W	2.324591		

模型 7（被解释变量：lnZ）

变量	系数	t 统计值	P 值
C	1.349639	0.954354	0.3424
lnZ（-1）	0.841218	6.637487	0.0000
lnM（-1）	0.755901	4.661641	0.0000
lnZ（-2）	0.011189	0.083434	0.9337
lnM（-2）	-0.418801	-1.791970	0.0764
R^2	0.997424	Ad-R²	0.996958
F 统计值	2140.651	Prob	0.000000
D-W	2.080579		

模型 8（被解释变量：lnM）

变量	系数	t 统计值	P 值
C	0.121475	2.500099	0.0141
lnZ（-1）	0.014058	1.712868	0.0900
lnM（-1）	0.829634	6.545436	0.0000
lnZ（-2）	-0.029854	-3.598255	0.0005
lnM（-2）	0.023328	0.204197	0.8386
R^2	0.993728	Ad-R²	0.992594
F 统计值	876.1306	Prob	0.000000
D-W	2.318379		

注："Δ"代表面板数据的一阶差分；ECM（-1）为误差修正项。

表 6 - 8 中 MODEL1 检验结果显示，$\ln E$ 在滞后 1 期与 3 期通过 5% 显著性水平检验，在滞后 4 期通过 10% 显著性水平检验，可以得出结论：$\ln E$ 是 $\ln Z$ 的格兰杰原因；而 MODEL2 中 $\ln Z$ 分别在滞后 1 期、3 期、4 期通过 5% 显著性水平检验，在滞后 5 期通过 10% 显著性水平检验，也可以得出结论：$\ln Z$ 是 $\ln E$ 的格兰杰原因。因此，$\ln Z$ 与 $\ln E$ 互为格兰杰因果关系。同理分析，可以得出结论：$\ln Z$ 分别与 $\ln E$、$\ln K$、$\ln G$、$\ln M$ 互为格兰杰因果关系。从而，我们所构建的变系数固定效应面板数据模型及其计量分析具有比较充分的经济学意义。

6.4　中国出口贸易碳排放效应：基于地区视角实证与比较

由于中国东中西部地区社会经济发展存在不平衡性，从而，笼统地探讨中国对外贸易的碳排放效应是不够客观的。因此，在前文行业性研究的基础上，我们再从地区差异视角对中国出口贸易的碳排放效应进行实证考察与比较。

6.4.1　计量模型、变量选择与数据处理

基于基础模型方程（6 - 1）的理论逻辑，我们再设定如下计量模型，从地区视角对我国东中西部不同地区出口贸易的碳排放效应予以实证分析：

$$\ln P_{it} = \gamma_{0i} + \gamma_1 \ln S_{it} + \gamma_2 \ln K_{it} + \gamma_3 \ln I_{it} + \gamma_4 \ln T_{it} + u_{it} \qquad (6 - 13)$$

式（6 - 13）中 P_{it}、S_{it}、K_{it}、I_{it}、T_{it}、u_{it} 分别表示 i 地区 t 时间的碳排放规模、出口规模、产业结构、收入水平、技术进步、随机误差项，γ_{0i} 为常数项；为了消除可能存在的异方差性，所有指标均进行了对数处理，分别表示为 $\ln P_{it}$、$\ln S_{it}$、$\ln K_{it}$、$\ln I_{it}$、$\ln T_{it}$，$\ln P_{it}$ 为被解释变量，其余为解释变量；γ_1、γ_2、γ_3、γ_4 为相应解释变量对碳排放影响所占的权重，分别反映规模效应、结构效应、收入效应、技术效应的大小和方向。

另外，式（6 - 13）中 P 用估算的各地区二氧化碳排放量表示；S 用各地区出口总额占各地区生产总值的比重表示；K 以各地区资本劳动比表

示，资本数用全社会固定资产投资总额表示，劳动力以就业人数表示；I 为各地区人均收入，用地区职工平均货币工资表示；T 为技术进步，用各地区二氧化硫去除量表示。资料来源于中国统计年鉴、中国经济统计年鉴和中国能源统计年鉴。

此部分研究时间跨度为 1995～2007 年，鉴于数据可得性与相关指标匹配性，所有样本限于除重庆、西藏、港澳台地区之外的中国大陆 29 个省市自治区[①]。同时，我们根据中国发改委 2000 年 33 号文件对 29 个省市自治区进行了东中西部划分：东部地区包括北京、天津、河北、辽宁、上海、江苏、浙江、福建、山东、广东、海南；中部地区包括山西、吉林、黑龙江、安徽、江西、河南、湖北、湖南；西部地区包括四川、贵州、云南、陕西、甘肃、青海、宁夏、新疆、广西、内蒙古。

需要说明的是，由于我国公开发表的统计资料并没有直接公布二氧化碳的排放数据，因此必须通过化石能源的消费、转换活动以及某些工业品生产过程进行估算。笔者参考中国气候变化对策小组办公室和中国发展改革委员会能源研究所（2007）对二氧化碳的估算方法，将能源消费分为煤炭消费、石油（包括汽油、煤油、柴油、燃料油）[②] 消费。一个省市消费的煤炭中有相当大一部分用来发电和供热，产生的电能和热能很大部分可能输向外省，但是，生产过程中产生的二氧化碳却留在了本省，因此，我们计算能源消费量时，除终端能源消费量外也包括发电和供热用煤[③]。化石能源消费活动的二氧化碳排放量的具体计算公式如下：

$$CO_2(二氧化碳) = \sum_{i=1}^{5} CO_{2i} = \sum_{i=1}^{5} E_i \times CF_i \times CC_i \times COF_i \times (44 \div 12)$$

$$(6-14)$$

其中，CO_2 表示所估算的各种能源消费的二氧化碳排放总量；i 表示消费的能源种类，具体包括煤炭、汽油、煤油、柴油、燃料油；E_i 为各省市各种能源消费总量；CF_i 为转换因子，即各种燃料的平均发热量，单

---

① 重庆作为直辖市 1997 年才成立，出于数据的匹配性，所有指标不涵盖重庆市；西藏自治区相关统计数据有限，不加以考虑；港澳台地区因数据缺失，也不作为考察对象。

② 天然气在我国能源消耗结构中所占的比重较低，2005 年只占 2.8%，且数据缺失较为严重，因此本文未将天然气产生的二氧化碳排放计算在内。

③ 本章所有能源消费、转换数据均来自历年能源统计年鉴中地区能源平衡表。

152

位为万亿焦耳/万吨；CC_i 为碳含量，表示单位热量的含碳水平，单位为吨/万亿焦耳；COF_i 为氧化因子，反映了能源的氧化率水平；由于氧原子的相对质量是 16，而碳原子的相对质量是 12，因此（44÷12）则表示将碳原子质量转换为二氧化碳分子质量的转换系数，两者相差约 3.67 倍。其中，$CF_i \times CC_i \times COF_i$ 通常被称为碳排放系数，而 $CF_i \times CC_i \times COF_i \times$（44÷12）则为二氧化碳排放系数。据此，各种能源的二氧化碳排放系数如表 6－9 所示。

表 6－9　　　　　　　　各种燃料二氧化碳排放系数

燃料名称	煤炭	汽油	煤油	柴油	燃料油
平均发热量（TJ/万吨）	192.14	448	447.5	433.3	401.9
碳含量（t－C/TJ）	27.28	18.9	19.6	20.17	21.09
碳氧化率	0.923	0.98	0.986	0.982	0.985
碳排放系数	0.484	0.83	0.865	0.858	0.835
二氧化碳排放系数	1.776	3.045	3.174	3.15	3.064

资料来源：中国气候变化对策小组办公室和中国发展改革委员会能源研究所（2007）。

6.4.2　实证研究

6.4.2.1　协整检验

佩德·罗尼（Pedroni，1999）基于回归方程残差，构建了七个统计量以进行面板数据变量协整检验。其中 Panel ADF、Croup ADF 的检验效果最好，Panel V、Group Rho 检验效果最差，其他 3 个统计量效果处于中间水平，当遇到检验结果不一致时，人们一般以 Panel ADF、Croup ADF 为主要判断依据。我们对 $\ln P_{it}$ 与 $\ln S_{it}$、$\ln K_{it}$、$\ln I_{it}$、$\ln T_{it}$ 进行了 Pedroni 检验，结果如表 6－10 所示。

表6-10　　　　　　　面板数据变量协整检验结果①

相关统计量	东部		中部		西部	
	统计值	Prob.	统计值	Prob.	统计值	Prob.
Panel v	-0.403653	0.9074	-1.330463	0.9083	-0.437477	0.6691
Panel rho	3.448327	0.9997	2.275024	0.9885	1.636039	0.9491
Panel PP	-1.34232*	0.0897	-1.233019	0.1088	-1.945138**	0.0259
Panel ADF	-1.417143*	0.0782	-1.521746*	0.064	-2.687086***	0.0036
Group rho	4.53994	1.0000	3.333722	0.9996	2.974718	0.9985
Group PP	-4.853505***	0.0000	-2.55826***	0.0053	-2.166219**	0.0151
Group ADF	-1.932216**	0.0267	-1.136131**	0.028	-2.886799***	0.0019

注:"*"、"**"、"***"分别表示系数通过10%、5%、1%的显著性水平检验,后文其他表格相同。

由表6-10不难看出,东部地区Panel ADF、Croup ADF、Panel PP、Croup PP分别通过10%、5%、10%、1%的显著性水平检验;中部地区Panel ADF、Croup ADF、Croup PP分别通过10%、5%、1%的显著性水平检验;西部地区Panel ADF、Croup ADF、Panel PP、Croup PP分别通过1%、1%、5%、5%的显著性水平检验。从而,我们基本可以判断上述变量之间存在比较稳定的协整关系。

6.4.2.2　不同地区回归结果分析

首先,我们运用LLC、ADF-Fisher、PP-Fisher方法对$\ln P_{it}$、$\ln S_{it}$、$\ln K_{it}$、$\ln I_{it}$、$\ln T_{it}$五个变量进行单位根检验,结果显示,面板数据具有平稳性;其次,通过Hausman检验与F检验,我们发现东中西部地区均适合建立面板数据变系数固定效应模型,具体模型设定如下:②

$$\ln P_{it} = (\gamma_0 + \eta_i) + \gamma_{1i}\ln S_{it} + \gamma_{2i}\ln K_{it} + \gamma_{3i}\ln I_{it} + \gamma_{4i}\ln T_{it} + u_{it} \qquad (6-15)$$

其中γ_0表示总体效应,η_i表示截面(地区)固定效应,γ_{1i}、γ_{2i}、γ_{3i}、γ_{4i}分别表示不同地区相应变量的系数,亦即各地区出口对碳排放影

---

① 滞后阶数根据SIC准则确定。

② 限于篇幅与避免重复,此部分Hausman检验与F检验的过程不做详细分析,具体方法参见前文4.4.3与6.3.2.1部分相关内容。

响的规模效应、结构效应、收入效应与技术效应。

基于模型（6 - 15）的东中西部回归分析结果分别如表6 - 11、表6 - 12、表6 - 13 所示。

表6 - 11　　　　东部地区各省变系数固定效应模型回归结果①

省份	γ_{0i}	γ_{1i}	γ_{2i}	γ_{3i}	γ_{4i}
北京	1.020735	0.036047 (0.8287)	0.275048 (0.6824)	- 0.291141 (0.6565)	0.121724 (0.1265)
天津	- 0.922931	0.569616 ** (0.0196)	0.157310 (0.7096)	- 0.030558 (0.9605)	- 0.020785 (0.8144)
河北	- 0.390213	0.340280 (0.1584)	0.028478 (0.9459)	0.069236 (0.899)	0.185142 (0.1947)
辽宁	7.020001	0.498593 * (0.0793)	0.543942 * (0.0938)	- 0.825652 (0.1363)	0.121842 (0.7527)
上海	- 1.958475	0.128248 (0.4176)	0.20056 (0.4578)	0.07347 (0.7449)	0.005876 (0.943)
江苏	3.267724	0.393067 (0.2575)	0.17062 (0.6171)	- 0.44909 (0.255)	0.264083 *** (0.0001)
浙江	- 6.435711	0.663863 ** (0.0497)	- 0.746614 *** (0.0012)	0.808356 ** (0.0144)	0.093069 (0.4376)
福建	- 2.996593	0.373492 (0.2727)	0.25783 (0.3689)	0.127304 (0.6066)	0.241926 (0.1006)
山东	6.509798	1.623942 *** (0.0000)	0.174662 (0.4226)	- 0.570233 (0.1887)	0.378142 ** (0.0156)
广东	- 2.103147	0.544026 * (0.0627)	0.44877 (0.3803)	0.104108 (0.8563)	0.059355 (0.3073)
海南	- 3.011189	0.225688 (0.1685)	0.761896 * (0.0707)	- 0.092324 (0.8577)	0.024194 (0.6868)

$$\overline{R}^2 = 0.994979 \quad F = 522.075 \quad D - W = 1.771918$$

注："*"、"**"、"***"分别表示系数通过10%、5%、1%的显著性水平检验。

---

①　为便于称谓，本章将直辖市、自治区等统一视作省级行政区，相关表述上未做具体区分。

由表 6-11 可以发现：天津、广东的碳排放规模效应，辽宁的碳排放规模、结构效应，江苏的碳排放技术效应，浙江的碳排放规模、结构效应、收入效应，山东的碳排放规模、技术效应，山东的碳排放规模、技术效应，海南的碳排放结构效应等较为显著；相比较而言，在东部各省中，出口贸易对碳排放影响较高的有天津、辽宁、浙江、山东和广东五省，其中，山东出口贸易对该省二氧化碳排放的影响最大，出口规模每上升 1 个百分点，二氧化碳排放量增加约 1.62 个百分点，其次是浙江、天津和广东，出口规模每上升 1 个百分点，二氧化碳排放量依次增加约 0.66、0.57 和 0.54 个百分点，可见这些省份的出口贸易增长对气候变化产生了较明显的消极影响；另外，值得注意的是，浙江出现了十分积极的结构效应，产业结构每优化 1 个百分点，二氧化碳排放量将下降约 0.75 个百分点，某种程度上可以说明浙江省产业结构升级卓有成效。

表 6-12　　　　　中部地区各省变系数固定效应模型回归结果

省份	γ_{0i}	γ_{1i}	γ_{2i}	γ_{3i}	γ_{4i}
山西	-4.272544	0.264516 * (0.0632)	-0.008062 (0.9776)	0.491417 (0.3906)	0.062784 (0.6657)
吉林	1.763647	0.517656 ** (0.0173)	0.356719 (0.1895)	-0.218629 (0.7112)	-0.067783 (0.4927)
黑龙江	0.573073	0.209529 *** (0.0011)	0.280575 (0.5925)	-0.150583 (0.842)	0.038356 (0.6439)
安徽	-7.555707	0.005649 (0.9862)	-0.140103 (0.8281)	0.725848 (0.5235)	-0.036664 (0.7417)
江西	-1.065658	0.53311 *** (0.0002)	0.203036 (0.3502)	0.124768 (0.8018)	-0.154992 (0.675)
河南	1.854992	0.372694 ** (0.012)	0.592819 ** (0.0336)	-0.200144 (0.6242)	-0.033459 (0.8416)
湖北	-3.77812	0.260657 (0.1643)	0.090082 (0.9247)	0.404347 (0.7491)	-0.097998 (0.7758)
湖南	12.48032	1.607331 *** (0.0000)	0.862902 * (0.0915)	-1.111017 (0.1751)	0.113544 (0.2682)

$$\overline{R}^2 = 0.972294 \quad F = 93.68193 \quad D-W = 1.653328$$

表6-12 的回归结果显示:山西、吉林、黑龙江、江西的碳排放规模效应,河南、湖南的碳排放规模、结构效应均较为显著;中部大部分省份的出口都与该省二氧化碳的排放量高度相关,其中湖南的出口与二氧化碳排放量的关系最为密切,出口规模每扩大一个百分点,二氧化碳排放量将增加1.607 个百分点,此外,山西、吉林、黑龙江、江西与河南的出口与二氧化碳排放量也高度相关。

表6-13　　　　　　西部地区各省变系数固定效应模型回归结果

省份	γ_{0i}	γ_{1i}	γ_{2i}	γ_{3i}	γ_{4i}
四川	20.23287	0.763695 *** (0.0000)	1.141221 (0.1144)	-1.935582 (0.1016)	0.213692 ** (0.0346)
贵州	-13.53638	0.577399 ** (0.0429)	-0.686584 (0.176)	2.064589 ** (0.0283)	-0.310482 * (0.0963)
云南	5.783331	0.342450 ** (0.0444)	0.777709 * (0.0997)	-0.458676 (0.346)	0.026181 (0.9165)
陕西	3.575676	0.357241 (0.2954)	0.181486 (0.672)	-0.225089 (0.7726)	0.455304 *** (0.008)
甘肃	-3.906301	0.136207 (0.6225)	-0.221609 (0.5467)	0.51133 (0.6597)	0.277177 (0.6687)
青海	-13.42389	-0.056449 (0.6445)	-0.572391 ** (0.0142)	1.457253 *** (0.0006)	-0.018097 (0.4255)
宁夏	-8.961097	-1.165487 *** (0.0033)	0.412988 * (0.0862)	0.709612 ** (0.044)	-0.195446 (0.122)
新疆	-7.070223	0.076551 (0.4899)	-0.42549 (0.4712)	1.001833 (0.2209)	-0.133441 (0.1438)
广西	0.409052	0.39572 ** (0.0438)	0.399077 (0.2064)	0.264759 (0.6224)	-0.263835 (0.3725)
内蒙古	16.89696	-0.117968 (0.6486)	1.03969 *** (0.0078)	-1.879457 * (0.0543)	0.351706 *** (0.0052)

$$\overline{R^2} = 0.983862 \quad F = 161.4989 \quad D-W = 1.837014$$

表6-13的回归结果表明：四川的碳排放规模、技术效应，贵州的碳排放规模、收入、技术效应，云南的碳排放规模、结构效应，陕西的碳排放技术效应，青海的碳排放结构、收入效应，宁夏的碳排放规模、结构、收入效应，广西的碳排放规模效应，内蒙古的碳排放结构、收入、技术效应等较为显著；中部大部分省份的出口都与该省二氧化碳的排放量高度相关，其中湖南的出口与二氧化碳排放量的关系最为密切，出口规模每扩大一个百分点，二氧化碳排放量将增加 1.607 个百分点，此外，山西、吉林、黑龙江、江西与河南的出口与二氧化碳排放量也高度相关；另外，有三个方面的积极变化值得关注，一是青海省产业结构每优化 1 个百分点，二氧化碳排放量将下降约 0.57 个百分点，二是内蒙古自治区人均收入每提升 1 个百分点，二氧化碳排放量将减少约 1.88 个百分点，这说明该地区开始出现环境友好型偏好，三是贵州省环境技术每进步 1 个百分点，二氧化碳排放量将减少约 0.31 个百分点。

总体而言，东中西部地区的回归模型拟合度较高，均具有较好的解释力。仅就规模效应而言，中部地区出口贸易对碳排放的消极影响比较明显，西部次之，东部相对比较缓和；若从规模、结构、收入、技术等全方位效应考察，西部地区碳排放效应最为显著，东部与中部相差不大。这些经验性发现似乎有悖于现实世界中人们的主观感知，笔者认为这可能与中西部自然环境禀赋先天不足和出口贸易增长相对滞后等多重因素的影响有关。

6.5　实证性小结

6.5.1　行业视角的小结

（1）总体而言，产业规模、贸易结构、市场化程度、出口依存度的变动，能在一定程度上合理解释二氧化碳排放量的变化。除采矿业不存在规模效应与结构效应，皮革、毛皮羽绒及其制品业不存在结构效应，医药制造业不存在市场效应，金属制品业不存在政策效应之外，其余工业行业出口贸易的碳排放效应均十分显著，行业规模、贸易结构、市场化程度、出口依存度的合力，导致出口贸易对二氧化碳排放既有消极影响，也有积极影响。

（2）单纯从行业角度看，各工业行业规模、贸易结构、市场化程度、出口依存度对碳排放的影响强度与方向存在明显差异。相对而言，规模效应与结构效应的差异较小，大多数行业规模对碳排放存在消极影响，贸易结构对碳排放存在积极效应，也就说行业规模的扩大引致了碳排放恶化，而贸易结构的改进引致了碳排放改善；然而，市场效应与政策效应的差异较大，部分行业市场化程度、出口贸易依存度的变化有利于减少碳排放，也有些行业市场化程度、出口贸易依存度的变化加剧了碳排放。

（3）从长远来看，行业规模的扩大仍会加剧碳排放，贸易结构的升级会促进二氧化碳排放量减少，市场化程度、出口贸易依存度对碳排放的影响存在较大不确定性。由此可见，尽管出口贸易增长是影响碳排放的一个重要因素，但出口贸易未必一定导致碳排放量绝对上升，从而，我们认为减少碳排放的根本出路在于优化贸易结构、科学管理出口贸易。

6.5.2 地区视角的小结

首先，中国东中西部较多省份的出口对二氧化碳排放量的消极影响较为显著，尤以中部地区最为明显。具体而言，东部 11 个省份中有 5 个省份影响显著，中部 8 个省份中就有 6 个省份的出口与二氧化碳排放量高度相关，西部 10 个省份中有 5 个省份的出口与二氧化碳排放量密切关联。尽管西方社会广泛指责中国总体碳排放量过大，但客观地说，如果追寻碳足迹的话，事实上，中国很大一部分碳排放量是由出口贸易即西方国家的需求所诱致的。

其次，东中西部的结构效应均不太明显，且存在显著差异。除浙江、青海等个别省份存在比较积极的结构效应之外，其余省份产业结构的变化对碳排放产生了消极效应或影响不显著。这表明，大多数省份产业结构升级对气候变化或自然环境的积极影响尚未充分显现，这可能与产业结构调整的滞后与生态系统的修复刚性密切相关。

最后，除内蒙古、贵州两地存在积极而微弱的收入效应与技术效应之外，绝大多数省份存在不显著的或消极的收入效应、技术效应。换言之，随着贸易扩张与经济增长，各地区的人均收入呈现上升态势，但是，人均收入的上升并非能立即有效提高人们环境友好型需求偏好，因为居民需求偏好的改变不仅仅决定于收入，而且也与伦理、制度、文化、习惯等多种因素相关。

第7章 中国贸易扩张中的环境规制：政策工具及制度安排

从本质上说，环境具有公共物品属性，从而环境资源配置往往存在市场失灵现象。30多年来，因市场失灵，中国对外贸易扩张集聚了严重的环境负外部性。在任何市场经济国家，规制与宏观经济政策（中国称为宏观调控）通常作为政府干预市场经济的两种主要方式共同构成了政府调节体系。[①] 因此，从这种逻辑出发，政府的一个重要职能就在于通过有效的环境规制[②]，努力矫正或规避企业或私人行为的环境负外部性。20世纪80年代之前，中国的环境规制主要以命令控制型政策工具为主，90年代中后期以来逐步扩展到市场性、自愿性规制政策工具。目前，现代意义上的中国环境规制总体格局基本形成，并取得了长足进展，但是与贸易相关的环境规制较为滞后，政策工具体系仍然存在许多不完善之处。在现有国际分工格局下，资源与环境瓶颈日益制约着中国对外贸易扩张与经济增长，从而构建一个强有力的与贸易相关的环境规制体系是实现中国对外贸易与环境协调发展的必然要求与理性选择。

[①] 张红凤、杨慧：《环境规制理论研究》，载于《规制经济学沿革的内在逻辑及发展方向》2011年第6期，第56页。

[②] 所谓环境规制是政府、企业、社会团体为了促进人类社会经济活动与环境协调发展，对社会个体或组织所采取的一系列约束规则或特定行为，主要包括政府禁令、排污许可证制度等指令性环境规制，环境税、补贴、押金退款等市场性环境规制，以及生态标签、环境认证、自愿协议等自愿性环境规制。

7.1　中国实施贸易相关性环境规制的现代意义

7.1.1　环境规制是中国建设生态文明的必然要求

我国 30 多年改革开放的成就举世瞩目，但是也形成了两个制约社会经济可持续发展的副产品，一是财富分配极其不公平，二是环境问题日益严重。在这一背景下，2003 年 10 月中国共产党十六届三中全会提出科学发展观，强调"坚持以人为本，树立全面、协调、可持续的发展观，促进经济社会和人的全面发展，坚持统筹城乡发展、统筹区域发展、统筹经济社会发展、统筹人与自然和谐发展、统筹国内发展和对外开放"。2007 年 10 月 15 日胡锦涛同志在中国共产党第十七次全国代表大会报告中对深入贯彻落实科学发展观提出了明确要求，指出"科学发展观，第一要义是发展，核心是以人为本，基本要求是全面协调可持续，根本方法是统筹兼顾"，强调要"建设生态文明，基本形成节约能源资源和保护生态环境的产业结构、增长方式、消费模式"。党的十八大报告进一步指出"建设生态文明，是关系人民福祉、关乎民族未来的长远大计"，并强调"把生态文明建设放在突出地位，融入经济、政治、社会建设各方面和全过程，努力建设美丽中国"。随着人均可支配收入的不断提高，消费生活日趋高度化，个性化绿色需求引致对外贸易不断向高端发展。逐步健全贸易相关性环境规制有利于促进社会经济和谐、持续发展，提高人民生活质量。由此可见，完善贸易扩张中的环境规制是建设生态文明的必然要求，也顺应了世界环境保护潮流，同时也是促进全球经济一体化的客观需要。

7.1.2　环境规制有利于促进中国对外贸易可持续发展

经历 30 多年的发展和积累，中国虽然逐步由幅员大国、经济小国、贸易小国逐步成长为世界经济大国、贸易大国，在世界经济舞台中的地位显著提升，但是，中国社会经济的可持续发展越来越面临资源瓶颈与生态承载力的制约，环境问题也日益加剧。近年来，中国对外贸易飞速发展、逐步扩张，进出口贸易对国民经济的推动作用日益凸显。但是，由于环境保护意识较为淡薄、环境规制体系不够完善、对外贸易粗放发展，贸易模式与贸易方式的生态环境特征弱化，对外贸易活动直接或间接引致的环境污染或温室气体排放日益加剧。因此，完善贸易扩张中的环境规制迫在眉睫，是中国经济可持续发展的必然要求。

7.1.3　环境规制有助于培育、提升中国对外贸易环境竞争优势

总体而言，中国与贸易相关的环境规制体系比较滞后，一方面，相对于国内非贸易环节或基础领域的环境规制略显落后；另一方面，和国际贸易强国相比存在一定差距，从而当前面临提升出口产品整体国际竞争力、构筑外贸企业环境竞争优势的巨大压力。外贸部门是国民经济运行体系中的一个重要子系统，其正常运行必然会消耗一定的能源和资源，并对自然生态环境系统产生一些消极影响，如果这些消极影响超过生态环境系统本身的可承载能力，势必造成资源过度消耗、环境质量下降、生态危机加剧，那么外贸产业竞争力和外贸企业竞争优势就会逐步丧失。完善贸易扩张中的环境规制是提升中国出口产品国际竞争力与环境竞争优势的根本要求。健全、完善中国对外贸易扩张中的环境规制有利于最大限度地降低环境成本，积极防范环境负外部性，促进环境成本合理内部化，实现对外贸易与环境可持续、协调发展。

7.2　中国对外贸易扩张中的环境规制政策工具及其基本思路

7.2.1　建立既适应我国经济发展阶段又兼顾地区、行业差异的多元化环境规制体系

我国经济发展与环境规制有着特殊的历史背景，出口贸易增长具有明显的阶段性与后发性，不同地区与不同行业市场国际化水平极不均衡。因

此，环境规制部门和相关企业应该从追求代际公平与社会正义的战略高度，深入研究 WTO 框架下与贸易有关的环境规则，从而在兼顾不同地区、行业环境规制敏感性以及环境技术差异的前提下统一并适当提高环境准入标准，建立服务型环境管理机构，转变环境管理职能，尽量提升市场性规制与自愿性规制的比例，引导出口企业自觉遵守与贸易有关的环境政策与惯例，努力强化行业协会等社会团体在环境规制中的作用，重点提升工业行业环境治理水平，尽力减少与环境相关的贸易摩擦以及与贸易相关的环境冲突。另外，环境规制部门有必要扩大环境规制的范围与深度，逐步规避中小企业这一环境规制盲区，力求使不完全环境规制向完全环境规制转变。

当务之急，建议政府部门加强出口贸易管理，努力探索差异性价值链分段环境规制与碳排放规制，实现生态文明建设背景下对外贸易可持续发展。具体而言：对于生产源端的原材料生产企业，政府如果适当提高环境与碳排放准入标准，逐步实行环境税或碳税制度，促使传统高污染、高能耗、高排放的原材料环境成本逐渐内部化，短期内，出口产品国际比较优势可能会下降，相关企业出口自律性会得以提升；对于生产终端的企业，建议我国逐步完善环境认证制度并试行碳足迹认证、碳标签制度，合理引导消费者选择绿色产品、低碳产品；对于销售源端的出口企业，建议政府逐步建立绿色发展、低碳发展绩效评价体系，不定期公布环境友好型、低碳型出口企业"绿色名录"、"黄色名录"与"红色名录"，以出口退税、绿色补贴等措施鼓励"绿色名录"企业可持续发展，限制"黄色名录"企业出口，禁止"红色名录"企业出口或进一步扩张；对于国际贸易终端的消费者，我国企业如果能够紧跟国际消费市场流行趋势，尽力满足国外消费者绿色或低碳化需求偏好，努力打造国际绿色或低碳品牌，绿色产品、低碳产品国际市场占有率将会显著提高。当然，政府在充分维护竞争的市场环境，化解传统技术的"锁定效应"，创建环境交易市场、逐步健全排污权交易或碳交易市场机制，以及完善环境治理结构等方面的作用也是不容忽视的。

另外，值得一提的是，近几年来，我国社会公众整体环境意识日益增强，隐性环境规制案例逐步增多，与贸易有关的环境管理部门及其治理机构应该深入关注社会公众的无偿监督、检举行为，使之逐步成为我国环境规制体系的有效补充措施或一项重要制度安排。

7.2.2 健全与贸易相关的环境法律法规，完善宏观约束和激励机制

在社会主义市场经济条件下，政府采取行政手段直接调控企业环境行为的空间非常有限，只能依赖于经济、法律等非行政手段的间接调控。作为发展中国家，我国的法律法规与产业政策体系往往滞后于国民经济的发展，与贸易相关的环境领域的法律、法规、政策尚不完善，企业自律能力有待提高，缺乏有效的宏观激励机制来驱使企业节能减排。因此，当务之急是着手健全与贸易相关的环境法律法规，创新与贸易相关的环境产业政策体系，为对外贸易可持续发展提供法律依据，为相关企业发展提供良好的法律环境、制度环境与政策环境。首先，把发展绿色贸易纳入法制化轨道，加大执法力度，在《环境保护法》、《固体废弃物污染环境防治法》、《环境噪音污染防治条例》、《交通行业环境保护管理规定》、《铁路环境保护规定》、《机动车排放污染防治技术政策》、《危险化学品包装物容器定点生产管理办法》、《包装资源回收利用暂行管理办法》、《防止海运包装形式有害物质污染规则》等法律法规中增加控制、治理与贸易相关的环境污染的条款，或者建立并不断完善与贸易相关的专门环境法律法规，对进出口流程予以全方位环境监督和控制。其次，必须制定合理的与贸易相关的环境产业政策，完善市场准入标准。政府要在环境产业组织、结构、布局、技术等方面要全面统筹，整体布局，努力设计出合理的绿色贸易、低碳贸易与环境产业政策与准入标准，积极引导贸易与环境企业有序竞争，良性发展，提升国际贸易的经济效益、社会效益与生态效益，力求形成统一、开放、竞争、有序的环境服务市场。另外，必须努力规范发展第三方、第四方环境服务组织，创新环境服务经营模式，提高环境服务社会化程度，健全社会化环境服务体系，对环境服务企业予以政策倾斜，以提供奖金、津贴或补贴等手段对企业环境友好型项目予以鼓励和支持，利用税收、收费等杠杆或手段对与贸易相关的环境污染行为予以限制和惩罚。从而，总体上降低对外贸易的环境成本、减少环境污染。

7.2.3　积极实行 ISO14000 环境管理体系认证标准

ISO14000 系列环境认证标准旨在规范政府和企业等组织的全部环境行为，对产品的设计、加工、包装、保管、储存、运输、销售、消费乃至废弃物的回收、循环使用等实行全程控制，进而使产品全方位符合国际环境标准。从某种角度看，该标准摒弃了传统的"先污染后治理"的末端治理模式，强调以预防、控制和循环发展为主，从而达到节省资源、减少环境污染、保护自然生态环境，促进社会经济可持续、协调、健康发展的理想目标。许多发达国家已经建立了"生态选择"、"碳足迹"制度，如加拿大的"环境选择"、欧盟的"欧洲环保标志"、日本的"生态标志"等。尽管中国也已制定了不少环境标准，如《轻型汽车污染排放限值及测量方法》、《包装回收标志》、《包装废弃物的处理与利用通则》、《生活垃圾焚烧污染控制标准》等等，但标准的执行情况和实际效果令人不容乐观。为顺应全球环境保护运动的发展趋势，中国外贸企业及其相关企业应积极推行 ISO14000 环境管理体系认证标准，加强环境标准的制定与贯彻，对相关作业流程进行生态化改造，努力提高企业生态、经济、社会综合绩效，增强出口产品环境竞争力。

7.2.4　强化与贸易相关的环境污染源规制

与贸易相关的环境污染源主要来自生产、包装、保管、装卸、流通加工、配送、信息一体化、运输等环节产生的废气、废水、废物、噪声以及散失、遗漏、泄漏的有害、有毒物质等。对于这些污染源，必须由传统的末端治理转向事前预防、过程控制。譬如，制定科学合理的与贸易相关的环境作业标准与排放标准，从源头上对废气、废水、废物、噪声以及有害、有毒物质等予以限制和控制；对与贸易相关的作业工具、设施使用年限予以规制，严禁超限、超负荷作业，严格执行强行卸载、到期强行报废或循环处理制度；淘汰排污量大的设施、设备，鼓励和促进使用符合规制条件的汽车、火车、轮船等运输工具和装备，大力推进低公害、环保型运输工具和作业设备；逐步淘汰传统燃料，大力促进清洁燃料、清洁能源的开发和利用；建立税收控制机制，合理运用税收杠杆抑制污染源扩散。

7.2.5　加强与贸易相关的环境承载量及废弃物规制

所谓环境承载量，是指一定时空条件下，自然资源、环境等系统所能容纳的最大人类社会经济活动量，对于与贸易相关的环境承载量规制可以采取以下几个方面的政策工具。譬如，（1）禁止在自然、环境保护区域及其附近建立与贸易相关的基础设施，与贸易相关的生产基地、物流据点的设立也必须避开自然环境保护地带，尽量减少与贸易相关的经济活动对具有自然价值、经济价值的动物、植物、地形地质等的破坏；（2）引导、激励与贸易相关的作业主体，选择符合贸易可持续发展要求的生产、包装、运输、装卸、保管、仓储、流通加工、配送等作业方式，努力消除国际贸易流程中的重复作业、交叉作业、无效作业，节约资源、能源，提高作业效率，尽力减少与贸易相关的环境公害；（3）在国际物流方面，通过优化物流中心或配送中心布局、限制运输工具行驶路线、鼓励夜间行车、构建智能化交通运输管制系统、发展立体式仓储系统、重组流通加工流程等手段，控制进出口商品物流环境承载量。

7.2.6　积极开展逆向物流，健全逆向物流规制

正如导论所述，中国经济增长模式具有一定粗放性，加工贸易在一定时期内占据主导地位，贸易增长主要源于集约边际，商品与原材料、能源大出大进，进出口贸易流程中产生的废弃物数量巨大。从长远看，如果不能合理、高效处理这些废弃物，会引发资源的枯竭及生态环境恶化。因此，建立废弃物循环利用机制，积极开展逆向物流，健全逆向物流规制，努力减少贸易过程中的废弃物的产生，并尽力回收予以循环利用具有重要的战略意义。发展逆向物流是实现循环物流、绿色物流的题中之义。但宽泛地看，逆向物流与正向物流共同构成一个有机的闭环体系，是实施绿色贸易战略的不可或缺的组成部分。① 逆向物流一般包括两个层次，一是不

---

① 逆向物流，亦称静脉物流，通常是指为了合理满足顾客需求、有效利用资源、保护环境，从而对商品、服务及相关信息从消费点到原始产生点的移动和储存活动进行的有效计划、组织、协调与控制。

合格物品、顾客退货、可重复使用的包装容器的逆向物流；二是正向物流过程中产生的废旧、遗弃、废弃物品或包装物，因收集、运输、分类、处理、加工、循环使用或转化为新的资源而导致的逆向物流。目前，我国逆向物流的发展严重滞后于工业化、城市化、国际化、市场化进程，逆向物流现代化、社会化发展程度较低。严格地说，对于现代意义上的社会化逆向物流，我国刚刚处于起步阶段，最关键的问题在于各级政府部门必须努力健全物流规制，为逆向物流发展确立合理的制度环境。

首先，积极释放企业家精神、大力鼓励生产性自主创新活动最为迫切。也就是说必须采取合理机制引导企业家，在产品的设计、研发阶段企业就要尽力考虑资源的可得性和产品的回收性能，从而尽量减少供应物流、制造物流和销售物流乃至消费过程中的废弃物料，改变被动、消极的末端处理模式，为逆向物流创造有利条件。其次，鼓励企业积极引进、推广逆向物流作业技术，提高逆向物流作业现代化水平。尽管我国已经采取一些手段进行废旧、废弃物品处理，但作业技术水平十分落后，建议政府有关部门制定并健全相关法律法规，通过具有建设性的政策工具引导企业加大逆向物流基础设施投资，积极学习日本、美国、欧洲等有关逆向物流管理的先进经验，加强不同层次逆向物流经营活动的监管，努力协调外贸企业、物流企业、环保部门、卫生部门与消费者的利益关系，大力培养第三方和第四方专业逆向物流企业，全方位提高逆向物流社会化水平。再次，通过市场性规制手段逐步完善逆向物流渠道体系。目前，比较宽泛地考虑，我国逆向物流从业主体主要包括相关企业、政府环保部门和自由职业者（专业废旧物品收购者和拾荒者）。企业层面的逆向物流主要可以区分为企业内和企业外两种渠道：前者主要包括生产、加工、仓储、搬运、运输环节的废品、次品、边角料、损货等回收、处理与利用；后者主要表现为退货、包装物的逆向物流和消费使用后废旧品的回收或耐用品的"以旧换新"等。生活垃圾的处理、回收与利用，一是通过环卫部门来实施，二是大量分散的专业、非专业废旧物品收购者和拾荒者。近年来，尽管较多地区尤其东部沿海城市率先推广生活垃圾分类处理制度，部分大型厂商开始实行以旧换新、废旧品回收制度，但总体而言，我国目前尚没有形成十分规范、稳定、科学、合理的逆向物流渠道体系，尤其是企业外废旧物品的回收还没有很好纳入企业正常运营体系，这是一项艰巨的任务。客观上，因逆向物流渠道与相关设施的投资具有一定风险和不确定性，投资回收周期较长，投资回报率偏低，导致企业积极性难以提高。但是，社会化、现代化逆向物流体系的构建对于我国对外贸易与环境协调发展意义深远，长期而言，很有发展前景。

7.3　中国对外贸易扩张中的环境规制政策建议及可能的制度安排

从理论上说，由于经济人行为短期性和利益最大化倾向的影响，在国际竞争日趋激烈的条件下，对外贸易的利益相关者通常试图将治理环境或节能减排的私人成本外化为社会成本，从而导致较强的环境负外部性。这种负外部性的规避除了应用具体政策工具以外，还必须辅之以一些配套的宏观政策，并从中观、微观层面采取相关策略。

7.3.1　加快中国环境与气候变化统计及其评价体系建设

到目前为止，我国尚未形成统一的环境与气候变化统计及其评价体系，这项工作近年来刚刚起步，地区与产业层面的建设更加滞后，微观层面上有些企业几乎处于缺失状态。现代环境与气候变化统计及评价体系建设的缺失或滞后，严重制约了贸易与环境规制研究的深入开展，正如笔者在进行实证分析时，不少与环境相关的变量只能采取代理变量一样，理论工作者和政府管理部门很难获取真实、可靠的环境规制数据，从而无法客观、全面地考察、监测、分析中国环境规制的发展态势。因此，政府部门应努力加快现代环境与气候变化统计及评价体系建设，引导科研院所大力开展相关指标体系设计和研究，力求形成客观、全面、真实的环境与气候变化数据，为我国贸易与环境发展、规划和决策提供科学信息。

7.3.2　大力宣传生态文明意识，树立绿色贸易、低碳贸易理念

环境规制的终极目标是减少环境规制，全面提升现有规制主体和客体

的生态文明意识才是解决问题的根本途径。绿色贸易、低碳贸易是生态文明背景下全新的贸易理念，它要求微观经济主体、社会组织和居民着眼于长远利益，重视社会经济可持续发展，强调进出口活动与自然生态环境系统的协调与共生。对外贸易的可持续发展无疑必须基于强烈而深厚的公众环境意识以及广泛的生态哲学、生态经济思想，因此，政府应大力宣传相关思想和理念，尤其是要针对相关行业经营人员与消费者开展和贸易相关的环境知识教育，提升企业和公众环境意识，促使企业、消费者尤其是城乡居民行为自律，自觉防范、避免与贸易相关的环境污染或环境突发事件发生。从外贸企业角度看，具有强烈环境意识的专业人才是外贸企业实现绿色贸易、低碳贸易的内在力量，政府应努力倡导外贸企业实施环境友好战略，鼓励企业领导及员工转变观念，树立全员参与意识，培育人人争做地球卫士的企业精神和企业风格，努力把对外贸易可持续发展目标与环境保护有机统一起来。譬如，引导相关企业尽量使用清洁能源，鼓励进出口产品物流企业自觉选择对环境污染小的运输工具，自觉控制运输工具的运行速度，自觉节约能源与自然资源，自觉预防与贸易相关的环境事故发生等；从消费者角度看，健康的环境意识是促进对外贸易可持续发展的重要外在力量，保护环境关系到人类生存和代际公平，需要广大消费者的积极参与，目前，消费者的环境意识还不够十分强烈，政府应该采取各种形式大力宣传生态哲学、生态经济思想和环境理念，开展消费者绿色教育，强化清洁生产、绿色消费、绿色贸易、低碳贸易意识。使消费者真正了解环境问题的严重性，积极倡导消费者自觉履行绿色消费，从而大力发挥消费者的供应链末梢优势反向推进企业自律。

7.3.3 全过程优化贸易机能，发展绿色贸易

7.3.3.1 构建绿色供应链，合理选择绿色供应商

首先，绿色贸易不仅要求一般意义上满足消费者的需要，关键在于不断构建、健全绿色供应链，由供应链上的核心企业协调管理，通过供应链上、中、下游的共同协作来减少整个供应链中对外贸易活动对环境的消极影响，提高经济效益与生态效益。核心企业选择供应商时，必须提出实施绿色贸易的相关要求，能够满足此要求的才准许进入整个供应链，供应链

上游企业的"绿色"行动在供应链中下游会得到放大，形成"生态牛鞭效应"，结果整条供应链上的企业都会受益，还大大分散了企业所担负的风险。其次，不论是一体化外贸企业还是专业外贸公司，在大量潜在卖主中选择一些卓越供应商[①]均十分重要。随着全球生产网络的形成和信息技术飞速发展，外贸企业的采购流程逐步打破时间、空间的限制，跨越国界或地区的原材料、中间件、半成品等采购日益增加。发展绿色贸易的一个关键环节在于合理选择绿色供应商，其中，首要任务是增加供应商选择和评价的环境指标，即要努力对供应商的环境绩效进行实质性考察。具体而言，供应商是否采用绿色包装？是否通过 ISO14000 认证？是否存在环境污染问题和风险？其产品是否符合进口商所在国市场准入制度和环境规制标准？另外，外贸企业可以根据绿色制造要求向供应商提出生态取向的采购要求，帮助供应商一起解决环境问题，从而在源头上杜绝或控制非环保行为的发生，最终有利于提高整个供应链的环境竞争力和稳健性。

7.3.3.2　积极发展绿色运输，鼓励环境友好型物流设备、器具及清洁能源开发利用

如果不考虑生产行为，但就对外贸易活动对环境的负面影响，最大的莫过于由于货物运输造成的环境污染，因此，积极实施绿色运输至关重要。绿色运输旨在依据畅通、有序、安全、高效、低能耗、低公害的原则执行商品的长距离物理性位移，从而降低污染、缓解交通拥挤、节省资源、减低能耗，最终实现运输子系统与社会系统、自然生态系统的协调发展。首先，建议优化进出口货物运输方式结构，贯彻多式一贯制联合运输。[②] 该运输模式便于有效克服地理、气候、基础设施建设等因素造成的商品产销在空间、时间上的分离，有助于促进供应链的有效集成。例如，由公路运输转向铁路、海洋和航空运输可削减行车总量，在技术进步水平既定条件下，可以适当减少废气、废水、噪音、废弃物污染；全程采用集装箱可以减少包装支出、包装物污染及货损、货差。不过，目前我国物流

---

　　① 供应商是个相对概念，处于供应链上不同结点位置的企业既是其下游组织的供应商，又是其上游组织的客户。例如，专业出口商既是制造商的客户又是进口商的供应商。

　　② 多式一贯制联合运输是以件杂货为对象，以集装箱为基本运输作业单元，把铁路、公路、海洋、航空等至少两种或两种以上的运输方式有机结合起来，多环节、多区段、多运输工具无缝连接从而贯通全程的一种现代化运输模式。

领域仍然存在多头管理、政出多门、市场分割等弊端，这些因素阻碍了多式一贯制联合运输的发展，在一定程度上大大削弱了物流效率与贸易效率。其次，鼓励开发利用绿色运输工具。① 当务之急，我国必须加快传统运输工具向绿色运输工具转换，鼓励使用电动、天然气、甲醇、液化石油气、太阳能车辆或轮船，从而节约能源，有效预防和控制运输污染，并力求采取配套措施消除企业沉没成本。再次，加强环境友好型物流器具、设备的开发利用也很重要。目前，相关企业必须加快运用先进技术改造相关物流器具与设备，特别是环境友好型器具、设备的研发、设计。例如，在公路、铁路运输作业领域改进发动机的设计、探索新型动力装置；在海洋运输作业领域推广双层船壳、开发并合理应用更加先进的污水分离装置；努力探索软性集装运输和设备；减少使用木质托盘等物流器具，努力寻求木材替代品；大力推广电瓶叉车等环境友好型设备与器具。最后，积极鼓励生物燃料与风能、太阳能等清洁型能源的开发与利用也不可忽视。

7.3.3.3　大力推广绿色包装，实现包装标准化、集装化②

首先，企业要坚决杜绝过度包装行为，简化包装，减少一次性包装，使用能重复使用的包装，从而力求从供应链管理的角度优化包装机能，这样不但有利于降低企业包装成本，还有助于减少下游企业对包装物的拆装和处理费用，提高总体环境绩效。其次，积极研发具备少耗材（Reduction）、可再用（Reuse）、可回收（Reclaim）、可再循环（Recycle）特征的绿色包装材料，广泛使用绿色包装，从而降低对外贸易成本，提高包装效率和生态效益。再次，快速推进包装标准化、集装化。实行包装标准化首先是包装模数化，即确定包装基础尺寸的标准，然后将这一标准与仓库设施、运输设施尺寸模数统一起来。这样不仅有利于利用集装箱、集装袋及托盘对小包装予以集合，而且有利于装卸、搬运、保管、运输等过程的机械化，有利于减少单位包装，节约包装材料和包装费用，从而节省资源与能源，降低污染。

---

① 绿色运输工具一般是指污染物排放值低于法定限制值、对环境污染小、有利于生态环境保护的运输工具。

② 绿色包装一般是指能够循环复用、再生利用或可降解腐化，且对人体及自然生态环境不造成公害，旨在最大限度节约自然资源、最大限度降低污染的包装。

7.3.3.4　努力采用环境友好型仓储与保管系统①

首先，力求运用最先进的保质保鲜技术，防止一些易腐烂、易霉变等物品因为温度、湿度、光线等储存条件的变化而变质，保障存货的数量和质量，力求"零"货损，降低或消除污染。其次，运用现代化的储存保养设备、技术，对易燃、易爆、易辐射、易泄漏的有毒、有害物质予以精细储存与管理，实行制度化检查与看管，降低危险产生概率，尽力消除它们对仓储、保管从业人员身体健康和周边自然生态环境的危害。最后，强化生态意识，优化仓储、保管作业机能，结合现代科学技术努力减少仓储系统本身对周围环境产生的污染，如设备噪声、光污染、烟尘油迹、视觉污染等。

7.3.3.5　优化装卸搬运作业流程，实行绿色装卸搬运

首先，必须提高装卸搬运方便性，即努力使待运货物处于易于装卸搬运的状态。方便性的提高关键在于优化作业流程，合理衔接作业节点，当一批商品入库存储时就应该考虑下次出库、装卸搬运时是否方便，进而决定其存放的具体环境、位置、方式等。这不仅有利于提高装卸搬运作业效率，而且避免了资源、能源的浪费。其次，选择更趋合理的装卸搬运方式至关重要。如果装卸搬运方式不当，容易发生无效作业、迂回作业与倒搬倒卸现象，不仅浪费了大量人力、财力、物力，还增大了货损的可能性，更值得注意的是，对环境造成的污染也可能会增加。最后，加强货物装卸搬运、集散现场的污染源治理与控制。譬如，尽力减少有害、有毒物质泄漏，避免装卸搬运事故发生；利用现代环保技术，控制并有效处理粉尘、烟雾、废气、废水的污染等。

7.3.3.6　建立社会化流通加工体系，实现绿色流通加工②

由于流通加工服务需求偏好的特殊性以及传统流通管理体制遗留问题的束缚，我国进出口产品流通加工的社会化程度一直不高，规模效应不够

---

①　环境友好型仓储与保管系统旨在通过科学、合理、具有环保倾向的措施，力求减低或完全消除储存货物以及仓储系统本身对从业人员、周边居民和生态环境造成的污染或不良影响。

②　绿色流通加工旨在以环保意识和生态理念为基础，实现流通加工活动与自然生态环境系统的协调发展。

显著。笔者认为，在一个较长的时间内，合理设计、规划流通加工流程，规范分散加工向专业化、社会化集中加工转型，提高流通加工社会化程度，充分发挥规模经济优势，对于最终实现我国对外贸易可持续发展仍然十分重要。同时，非常有利于提高资源利用率，减轻流通加工导致的环境污染。特别是在进出口农副产品流通加工方面，引导大量分散的中小流通加工企业提高市场集中度十分困难。事实上，对进出口初级农产品的社会化集中加工，可在一定程度上减少家庭分散烹调所造成的水、电、燃料的消耗和废气、废水、废弃物的排放。同时，广泛使用绿色燃料、原料进行流通加工，妥善处理流通加工中产生的边角废料和废弃物也至关重要。毋庸置疑，如同其他环节一样，这些改进都必须基于良好的制度环境和法制环境。

7.3.3.7　加强企业信息系统的技术改造与创新，发展智慧化绿色贸易

对外贸易活动不仅意味着商品或货物的空间转移，还包含一系列信息的流动，也就是说，信息流管理也很重要。发展绿色贸易离不开信息技术的支撑，对外贸易企业必须在电子订货系统、电子数据交换、自动导向车系统、全球定位系统、地理信息系统等信息技术手段的基础上，积极导入多媒介集成、物联网、云计算等智慧型电子商务技术，实现贸易信息收集数据库化、信息处理集成化、信息传递实时化、信息存储数字化，不断提高客户服务附加值，减少贸易过程中的资源消耗，降低对生态环境造成的污染和破坏。同时，外贸企业必须全方位利用先进信息技术整合采购、包装、运输、搬运装卸、仓储、加工等业务机能，大力发展智慧化绿色贸易。智慧贸易有利于打破时空限制，减少中间环节，缩短对外贸易周期，推进销售渠道由"金字塔形"转向"扁平形"，使对外贸易渠道中的各个企业实现信息共享，构成一个智慧型电子商务供应链，从而大幅度减少了库存，降低了总体物流运营成本与固定贸易成本，增强了企业的应变能力和抵抗风险的能力。

7.3.4　逐步降低高度污染或高碳行业出口比例，优化出口贸易结构

中国作为环境污染大国与碳排放大国正面临环境治理、节能减排的巨

大国际压力，从而我国可以考虑联合其他发展中国家深层次参与国际环境保护与国际气候制度建设，充分发挥发展中国家的建设性作用，为我国发展绿色贸易与低碳贸易奠定战略性基础。同时，我国尚需继续深化与发达国家在环保技术与低碳技术研发、低碳市场、新能源开发等方面的多元合作，引领我国高度污染或高碳行业更大范围、更深层次地融入全球环境运动和节能减排实践。一方面，建议有关部门以高度污染或高碳行业为重点突破口，适当调整行业发展战略与环境规制政策，引导发展重点由高度污染或高碳行业逐渐向轻度污染或低碳行业转移，逐步促进市场需求向清洁化、低碳化方向发展；① 另一方面，鉴于我国能源消费结构仍然以高排放的石油、煤炭等化石能源为主，建议政府充分发挥市场性与非市场性环境政策工具的作用，鼓励企业自愿性规制，借鉴西方发达国家经验，结合国情多途径、多渠道贯彻落实环境成本内部化措施，积极引进环境友好型或节能减排技术，同时应大力推进太阳能、水能、风能、氢能等可再生新能源与生物质能源的开发与应用，从根本上降低产品在开发、生产、物流等环节中对高碳排放能源的消耗比重，从而降低出口产品隐含污染物与二氧化碳排放量，提升出口产品绿色或低碳竞争力，增强我国对外贸易话语权。

7.3.5 充分激励企业坚持环境技术创新，提高对外贸易环境竞争优势

一国环境技术水平的高低无疑会影响一国对外贸易的环境竞争优势，我国相关政府管理部门应结合国情国力，激励企业坚持环境技术创新，渐进提高工业环境成本内部化程度，借此促进出口贸易环境要素比较优势向环境资本竞争优势转变。目前，可以考虑重点支持环境技术敏感度较高②

---

① 笔者借鉴"党玉婷、万能：《贸易对环境影响的实证分析》，载于《世界经济研究》2007 年第 4 期，第 53～54 页"的测算方法，将工业行业划分为轻度污染密集型行业和重度污染密集型行业。首先计算出各行业污染密集度，然后将其均值以上的工业行业界定为重度污染密集型行业，将其均值以下的工业行业界定为轻度污染密集型行业。经测算，重度污染密集型行业有五个：采矿业、造纸及纸制品业，化学原料及化学制品制造业，非金属矿物制品业，黑色金属冶炼及压延加工业，余下 9 个行业属于轻度污染密集型行业。

② 即污染物变化率对环境技术变化率的反应程度比较强烈，技术轻微进步就会导致污染大幅下降。

的企业进行自主性环境技术研发。一般来说，化学原料及化学制品制造业，黑色金属冶炼及压延加工业，金属制品业，皮革、毛皮羽绒及其制品业，塑料制品业，有色金属冶炼及压延加工业，医药制造业等行业环境技术敏感度较高，对于这些行业，应该充分挖掘环境规制的技术创新效应潜力，进而逐步构建出口贸易环境竞争优势，最终促使我国逐步跨越出口贸易环境成本比较优势陷阱，避免成为世界污染密集型产品或高碳产品生产"避难所"。从长远来看，只有坚持技术创新，才有可能提高出口商品环境竞争力和绿色附加值，实现低投入、低消耗、低排放、高效益、可持续发展。

7.4 启示性结论与进一步研究方向

7.4.1 启示性结论

学术界基本能够达成一致的一个认知是贸易扩张中的环境规制问题比较复杂，因为它所涉及的不仅仅是政府与市场、市场与企业、企业与个人的关系，还包括人的贸易行为与自然生态环境的关系，而且这种关系很多时候未必是直接的，往往贸易对环境的影响是通过间接渠道传导的。从方法论看，这一研究所可能或需要触及的理论知识不仅仅限于经济学理论与实证方法，有时还必须触及经济哲学、历史学、社会学、政治学、法学乃至伦理学、宗教学思想体系。况且，对于中国这样一个具有悠久历史和文明、现代化水平尚有待进一步提高的发展中经济大国与贸易大国而言，这个问题就变得更加扑朔迷离、千头万绪，不管是理论研究还是经验性分析，往往隐匿着很多不确定性。因此，如果能用简单的语言或几个计量模型就能阐释到底如何解决贸易扩张中的环境规制问题，这将是一件很荒唐的事情。显然，笔者无意期望本书能有这种效果，也深感笔者能力"鞭长莫及"。

尽管如此，笔者仍然习惯性地在前文阐述了不少带有可能性与可行性的政策建议与解决方案。其目的旨在经验分析的基础上，揭示我国对外贸易增长的结构性矛盾以及对外贸易扩张与环境的冲突和摩擦，解释对外贸易扩张中的环境规制重要性，进而期盼引起各级政府贸易管理与环境管理部门、相关企业乃至社会公众的重视和关注。事实上，不管政府、企业还是个人，他们最终如何决策往往仅非他人所能影响，一般取决于多重因素。但有一点是比较确定的，政府通常会根据自身掌握的信息，并结合社会、经济、法制等环境因素，逐步认知、分析不同时期所面临的环境污染与生态危机问题，从而生成特定的环境规制安排，并作出一些理性或非理性的抉择。但政府所采取的规制工具与相关制度安排是否得到企业与公众的认可，本质上取决于其掌握的信息是否充分、准确，其实，企业或个人的行为也大致如此。因此，从某种程度上说，所有环境问题的根本解决不能过于奢望政府、企业或个人总是美好道德的化身，亦即面对自然环境的大多行为主体不总是自觉的、利他的。正因为如此，笔者以为环境问题的解决从根本上说取决于社会经济主体行为的自觉与自省。

如果留心，我们不难捕捉到这种现象，在发达国家，有时也会发现一些当地市民躲在街区的角落里或隐蔽地点吸烟，甚至清晨起来会偶然发现一些大型建筑外的墙根旁烟蒂满地，但他们一般绝对不会在公共场所吸烟，而他们中的个别人一旦到了中国一些吸烟规制不够严格的地区，同样会像个别中国同胞一样在公共场合吸烟；我也不止一次在中国的沿海大城市亲眼目睹过一些外国人无视交通信号灯与交通标线规制，随意骑着自行车闯红灯或横穿马路，但他们在自己的国家可能非常遵守交通规则。同样，近年来，我国绝大多数同胞到发达国家旅游或从事其他活动时，非常遵守当地的交通规制乃至其他规制，但个别人一回到国内反而立即变得不遵守相关规则了。这是为什么呢？能用国民素质差异来解释吗？显然，其答案很没有说服力。回到贸易与环境问题上，情况也是如此，一个外商投资企业在其母国可能不会经常恶意排污，但一到东道国，很可能变得无视环境保护，甚至竞相向环境底线赛跑。简单地说，人是"看菜吃饭的"，一个好人在没有被规制的时候或者说在一种坏的制度安排下可能变为坏人；相反，一个坏人在强有力地被规制的时候或者说在一种好的制度安排下可能变为好人。企业行为也莫过如此。当然，如果一个企业或个人无论是否被规制，无论是否处于一种好的制度安排，其均不牺牲公共利益，未必总是利他，但其总是自觉而不损人，那么这样企业或个人终归是好人，此时，政府规制就显得不重要甚或不需要存在了。因此，可以说，政府规制在于不规制。但在现实世界中，企业或个人不可能总是无视信息和社会经济条件而保护环境、社会安全与其他公共利益，因此，与贸易相关的环境规制是必要的。

基于上述逻辑，结合本书相关章节实证分析，笔者得出几点启示性结论：（1）环境污染与生态危机是中国经济增长和对外贸易扩张的一个副产品之一，但也是中国实现现代化以及社会转型过程中无法回避的现实难题。中国对外贸易扩张总体上引致了环境污染规模的扩大，累积了巨大的规模负效应，但必须认识到，贸易扩张与增长对于产业结构升级与技术进步均产生了积极的正效应与促进作用，在一定程度上，不够完善的环境规制体系加剧了贸易对环境影响的规模负效应，抑制了贸易对环境影响的结构正效应与技术正效应的充分发挥。总体而言，在充分肯定对外贸易贡献的前提下，转变对外贸易增长方式，继续提高扩展边际贡献率，对于实现中国对外贸易可持续发展至关重要。（2）没有证据证明，中国现有环境规制政策削弱了对外贸易比较优势，同时，环境规制对贸易增长的正向外溢效应也未充分显现。目前，中国与贸易相关的环境规制政策工具较为单一，缺乏应用的制度弹性，环境规制盲区较多，制度创新的空间和潜力较大。因此，如果能够逐步建立既适应我国经济发展阶段又兼顾地区、行业差异的多元化环境规制体系，贸易与环境的协调发展或将取得巨大改进。（3）在未来较长时间内，如果中国不注重强化与贸易相关的环境规制，实现对外贸易可持续增长可能更加艰难。结合国情国力，逐步完善环境政策工具，合理加大规制力度与工具涵盖面十分必要。对于一些污染密集型、碳密集型行业，必须依法治污、以指令控制型规制工具为主，设置禁令或红线，奖罚分明；对于非污染密集型、非碳密集型行业，应以市场性规制工具为主，辅之以命令控制型规制。但中国对外贸易扩张中的环境规制最终必须转向依靠市场性规制与自愿性规制为主，从根本上说，自愿性规制最为重要，如果企业和全体国民的综合素质、环境意识、规则意识真正提高了，蓝天、碧水、新鲜的空气将会回归，安全、绿色的产品也会如期而至。

毋庸置疑，一系列环境规制政策工具与相关制度安排的实施，会在短期内对国内就业、收入分配乃至相关利益集团决策产生一定冲击，尤其是可能在一定程度上削弱中国出口环境要素比较优势，但从长期而言，这些政策工具仍然十分必要。笔者在本书中的相关经验分析也证实，自20世纪90年代初期以来，中国逐步加强的环境规制并没有抑制出口贸易增长。

不过，有些情况下"政治关联缓冲导致中央政府环境政策具体执行效果不佳（姚圣，2012）"，即便如此，环境规制的主体行为及其社会就业效应、收入分配效应，环境规制与利益集团等问题仍然值得关注和深入研究，限于本书主题与篇幅，不便在此展开探讨，笔者只能期望在后续研究中予以进一步考察与探索。

7.4.2　进一步研究方向

正如布莱恩·科普兰和斯科特·泰勒尔（2003）所言："采用统一理论框架的代价之一是：统一性要求高度简化，而简化必然迫使研究者有所舍失。"① 因此，笔者在研究中国对外贸易扩张中的环境规制问题时也概莫能外。换句话说，为了研究的方便抑或限于能力，本书在实际研究中不得已舍弃了一些本该考虑的问题或条件，譬如：所选环境数据实际上针对的仅是不完全环境规制；没有考虑跨国界污染转移与碳排放转移以及中间产品污染问题；分析对外贸易的环境效应以及环境规制的贸易效应时，忽视了进口贸易；在基于面板数据模型的计量分析中，静态分析有余、动态分析不足；相关变量的选择上，没有充分考虑文化、伦理等因素的影响。

当然，这并非意味着上述问题不值得研究或不重要。恰恰相反，本书所舍弃的一些问题将会随着研究视域的改变而变得十分重要而有趣，一些被忽视的条件也非常有必要将其纳入新的研究框架和范式。鉴于此，下述几个论题值得我们进行进一步研究：（1）在考虑跨国界污染或碳排放转移与中间产品污染的条件下，发展中国家贸易扩张中的环境规制如何完善？（2）同时考虑出口、进口的情况下，对外贸易的环境效应或碳排放效应、环境规制的贸易效应有何不同？（3）如何拓展对外贸易的动态环境效应以及环境规制的动态贸易效应理论与经验研究框架？（4）文化、伦理等因素如何影响发展中国家与贸易相关的环境规制？（5）如何结合新新国际贸易理论，运用企业异质性贸易模型，从微观视角对贸易扩张中的环境规制进行大样本实证研究，等等。

特别是，环境规制的实质是一种规避或约束企业或个人损害公共利益

---

① 莱恩·科普兰、斯科特·泰勒尔：《贸易与环境——理论及实证》，格致出版社、上海人民出版社 2009 年版，第 329 页。

的制度安排，因此，从制度经济学视野对环境规制政策工具的理论设计与研究无疑尚有很大空间，但笔者没来得及进行深入思考，较为遗憾。事实上，对外贸易扩张中的环境规制如同所有环境问题一样具有难以想象的复杂性与不确定性，研究者如同决策者一样不仅需要了解社会学、经济学、法学思想，甚至还要熟悉生态学、技术经济学乃至地球化学等学科知识。特别是权利、政策工具和政治之间通过一些方式相互联系，联系方式随经济形式而有所不同①。从而进一步加大了环境规制现实与理论研究的偏差，即便如此，笔者仍然期盼在今后的研究中进一步关注这些较具风险与不确定性的问题。

---

① 托马斯·思德纳:《环境与自然资源管理的政策工具》，上海三联书店、上海人民出版社2005年版，第5页。

参 考 文 献

［1］A. S. Dagoumas, T. S. Barker. Pathays to a low-carbon economy for the UK with the macro-econometric E3MG model ［J］. Energy Policy, 2010, 38（6）: 3067 – 3077.

［2］Abigail L. Bristow, Miles Tight, Alison Pridmore, Anthony D. May. Developing pathways to low carbon land-based passenger transport in Great Britain by 2050 ［J］. Energy Policy , 2008, （36）: 3427 – 3435.

［3］Anastasios Xepapadeas and Aar deZeeuw. Environmental Policy and Competitiveness: The Porter Hypothesis and the Composition of Capital ［J］. Journal of Environmental Economics and Management, 1999, （37）: 165 – 182.

［4］Anderson. The Standard Welfare Economics of Policies Affecting Trade and the Environment ［J］. The Greening of World Trade Issues, 1992.

［5］Andrew Wordsworth , Michael Grubb. Quantifying the UK's incentives for low carbon investment ［J］. Climate Policy, 2003, 3（1）: 77 – 88.

［6］Ang J. CO_2 emissions, energy consumption and output in France ［J］. Energy Policy, 2007, （35）: 4772 – 4778.

［7］Antweiler, Copeland B. and S. Taylor, Is Free Trade Good for the Environment? ［J］. The American Economic Review, 2001, 91（4）: 877 – 908.

［8］Avik Chakrabarti. Import Competition, Employment and Wage in US Manufacturing : New evidence from Multivariance Panel Cointegration Analysis ［J］. Applied Econometrics, 2003, （35）: 1445 – 1449.

［9］B. C. C. van der Zwaan, R. Gerlagh, G. Klaassen, L. Schrattenholzer. Endogenous technological change in climate change modeling ［J］. Energy Economics, 2002, （24）: 1 – 19.

[10] Banerjee, A. Panel Data Unit Roots and Cointegration: An Overviews [J]. Oxford Bulletin of Economics and Statistics, 1999, (61): 607 – 630.

[11] Barrett. Strategic Environmental Policy and International Trade [J]. Journal of Public Economics, 1994, (54): 325 – 333.

[12] Baumol, W. J. and W. E. Oates. The theory of Environmental Policy [M]. 2d ed. New York: Cambridge University Press, 1988.

[13] Bruca A. Larson etc.. The Impact of Environmental Regulations on Exports: Case Study Results from Cyprus, Ordan, Morocco, Syria, Tunisia, and Turkey [J]. World Development, 2002, 30 (6): 1057 – 1072.

[14] Busse, Matthias. Trade, Environmental Regulations and the World Trade Organization: New Empirical Evidence [J]. Journal of World Trade, 2004, 38 (2): 285 – 306.

[15] C. A. Smis. Macroeconomics and Reality [J]. Econometrica, 1980, (48): 1 – 48.

[16] C. van Beers and J. C. J. M, Vanden Bergh. An Empirical Multi-country Analysis of the Impact of Environmental Regulations on Foreign Trade [J]. Kyklos1997, (50): 29 – 46.

[17] Candice Stevens. The Environmental Effects of Trade [J]. The Word Economy, 1993, (10): 439 – 451,

[18] Carson, Rachel. Silent Spring [M]. Boston, Mass: Houghton Mifflin Company, 1962.

[19] Changhong Chen, Bingheng Chen, Bingyan Wang, Cheng Huang, Jing Zhao, Yi Daic, Haidong Kan. Low-carbon energy policy and ambient air pollution in Shanghai, China: A health-based economic assessment [J]. Science of the Total Environment, 2007, (373): 13 – 21.

[20] Cole, A. J. Rayner and J. M. Bates. Trade Liberalization and Environment: The Case of the Uruguay Round [J]. World Economic, 1998, (3).

[21] Copeland, B. and S. Taylor, Trade and Transboundary Pollution [J]. American Economic Review, 1995, (85).

[22] Copeland, B. and S. Taylor. North-South Trade and the Environment [J]. Quarterly Journal of Economic, 1994, (8).

[23] Dasgupta, P. S.. The Control of Resource [M]. Cambridge, Mass: Harvard University, 1982.

[24] David G. Ockwell, Jim Watson, Gordon MacKerron, Prosanto Pal, Farhana Yamin. Key policy considerations for facilitating low carbon technology transfer to developing countries [J]. Energy Policy, 2008, 36 (11): 4104 – 4115.

[25] Dimitris K. Christopoulos, Efthymios G. Tsionas. Productivity Growth and Inflation in Europe: Evidence from Panel Cointegration [J]. Empirical Economics, 2005, (30): 175 – 150.

[26] Ferda Halicioglu. An econometric study of CO_2 emissions, energy consumption, income and foreign trade in Turkey [J]. Energy Policy, 2009, (37): 1156 – 1164.

[27] Fred Curtis. Peak globalization: Climate change, oil depletion and global trade [J]. Ecological Economics, 2009, 69, (2): 427 – 434.

[28] G. Harding, Tradegy of the Commons [M]. science, 1968, (12).

[29] G. R. Cranston, G. P. Hammond. North and south: Regional footprints on the transition pathway towards a low carbon, global economy [J]. Applied Energy, 2009, 87 (9): 2945 – 2951.

[30] Garrett Hardin. The Tragedy of the Commons [J]. Science, 1968, (11): 1244.

[31] Glen P. Peters, Edgar G. Hertwich. Pollution embodied in trade: The Norwegian case [J]. Global Environmental Change , 2006, (16).

[32] Grossman G, Krueger A. Economic Growth and the Environment [J]. Quarterly Journal of Economics , 1995, 110 (2): 353 – 377.

[33] Grossman, Gene M. , Alan B. Kruger. Environmental Impact of North American Free Trade Agreement [J]. NBER Working Paper, 1991: 3914.

[34] Hart, S. L. Beyond greening: strategies for a sustainable world [J]. Harvard Business Review, 1997, 75 (1): 66 – 76.

[35] Herfindahl, Orris C. and Allen V. Kneese. Quality of The Environment: An Economic Approach to Some Problems in Using Land, Water and Air [M]. Baltimore, Md. : Johns Hopkins University Press, 1965.

［36］ James R. McFarland, Sergey Paltsev, Henry D. Jacoby. Analysis of the Coal Sector under Carbon Constraints ［J］. Journal of Policy Modeling, 2009, (31): 404 – 424.

［37］ Johansen, Soren. Estimation and Hypothesis Testing of Cointegration Vectors in Gaussian Vector Autoregressive Models ［J］. Econometrica, 1991, (59): 1550 – 1575.

［38］ Joseph C. H. Chai. Trade and environment: evidence from China's manufacturing sector ［J］. sustainable development, 2002, (10): 25 – 35.

［39］ K. Palmer. Tightening Environmental Standards: The Benefit-cost or No-cost Paradigm ［J］. Journal of Economics Perspect, 1995, (9): 119 – 132.

［40］ Kevin P. Gallagher. International Trade and Air Pollution : Estimating the Economic Costs of Air Emissions from Waterborne Commerce Vessels in the United States ［J］. Journal of Environmental Management, 2005, (77).

［41］ Koji Shimada, Yoshitaka Tanaka, Kei Gomi, Yuzuru Matsuoka. Developing a long-term local society design methodology towards a low-carbon economy: An application to Shiga Prefecture in Japan ［J］. Energy Policy , 2007, (35): 4688 – 4703.

［42］ Li Huaizheng. Enviromental Impacts of Export Trade on Pollution Intensive Manufacturing Sectors in China ［J］. Proceedings of The Second China Private Economy Innovation International Forum, 2009, (8).

［43］ Li Huaizheng. The Origin and Progress of International Trade and Environmental Issues ［J］. Proceedings of Symposium on International Technical Barriers to Trade and Standardization, 2008, (12).

［44］ Mark N. Harris, Kónya László, Mátyás László. Modelling the Impact of Environmental Regulations on Bilateral Trade Flows: OECD, 1990 – 1996 ［J］. World Economy, 2002, 25 (3): 387.

［45］ Mauricio F. Henriques Jr, Fabricio Dantas, Roberto Schaeffer. Potential for reduction of CO_2 emissions and a low-carbon scenario for the Brazilian industrial sector ［J］. Energy Policy, 2010, (38): 1946 – 1961.

［46］ Meadows, Donella H. and others. Beyond the Limits: Global Collapse or A Sustainable Future ［M］. Earthscan, London, 1992.

［47］ Meadows, Donella H. and others. Limits to Growth ［M］. London, Earth Island Ltd. , London, 1972.

［48］ Michael E. Porter. The Competitive Advantage of Nations ［M］. New York: The Free Press, 1990.

［49］ Mick Coomon and Charles Perrings. Towards an ecological economics of sustainability ［J］. Ecological Economics, 1993, (6): 7 – 34.

［50］ Mulatu, Abay etc. Environment regulation and International Trade ［J］. Tinbergen Institute Discussion Papers, 2004, (3) : 1 – 33.

［51］ Nic Rivers. Impacts of climate policy on the competitiveness of Canadian industry: How big and how to mitigate? ［J］. Energy Economics, 2010, (32): 1092 – 1104.

［52］ Olga Gavrilova, Matthias Jonas, Karlheinz Erb, Helmut Haber. International trade and Austria's livestock system: Direct and hidden carbon emission flows associated with production and consumption of products ［J］. Ecological Economics, 2010, (69): 920 – 929.

［53］ Onno Kui, Machiel Mulder. Emission trading and competitiveness: pros and cons of relative and absolute schemes ［J］. Energy Policy. 2004, (32): 737 – 745.

［54］ Panayoutou. Globalization and the Environment ［J］. CID Working Paper, 2000, (53).

［55］ Paul Parker. Energy and Environmental Policies Create Trade Opportunities: Japan and the Pacific Coal Flow Expansion Initiative ［J］. Geoforum, 1990, (3): 371 – 383.

［56］ Pearce D . W. , R. K. Turner. Economics of Natural Resources and the Environment ［M］. Harvester Wheatsheaf, Hemel Hempstead, 1990.

［57］ Pearce D. W. , J. J. Warford. World Without End: Economics, Environment, and Sustainable Development ［M］. Oxford University Press, New York, 1993.

［58］ Pedroni. Critical Values for Cointegration Tests in Heterogeneous Panels with Multiple Regressors ［J］. Oxford Bulletin of Economics and Statistics, 1999, (61): 653 – 670.

［59］ Pedroni. Fully Modified OLS for Heterogeneous Cointegrated Panels

［J］. Advances in Econometrics, 2000, (15): 93 – 130.

［60］Ping Jiang, N. Keith Tovey. Opportunities for low carbon sustainability in large commercial buildings in China ［J］. Energy Policy , 2009, (37): 4949 – 4958.

［61］Porter, Linde. Toward a New Conception of the Environment competitiveness Relationship ［J］. Journal of Economics Perspect, 1995, (9): 97 – 118.

［62］Strutt, A. K. Anderson, Estimating Environmental Effects of Trade Agreements with Global CGE Models: A GTAP Application to Indonesia ［J］. CIES Discussion Paper, Center of International Economic Studies, University of Adelaide, 1999, (99): 26.

［63］Tietemberg, Thomas. Environmental and Natural Resource Economics ［M］. 2d ed. Glenview, Ⅲ: Foresman and Company, 1988.

［64］Torras M , Boyce J. Income, Inequality and Pollution: A Reassessment of the Environmental Kuznets Curve ［J］. Ecological Economics, 1998, (25): 147 – 160.

［65］Tunc, G. I. , Turut-Asik S. , Akbostanci. E. CO_2 emissions vs CO_2 responsibility: an input-output approach for the Turkish economy ［J］. Energy Policy, 2007, (35): 855 – 868.

［66］Walter I. , J. Ugelow. Environmental policies in developing Countries ［J］. Ambio. , 1979, (8).

［67］Xi Liang, David Reiner. Behavioral Issues in Financing Low Carbon Power Plants ［J］. Energy Procedia , 2009, (1): 4495 – 4502.

［68］Xueqin Zhu, Ekko van Ierland. The enlargement of the European Union: Effects on trade and emissions of greenhouse gases ［J］. Ecological Economics, 2006, (57).

［69］Y. Kondo, Y. Moriguchi, H. Shimizu. CO_2 Emission in Japan: Influences of imports and exports ［J］. Applied Energy. 1998, (59): 163 – 174.

［70］阿玛蒂亚·森:《伦理学与经济学》, 商务印书馆 2000 年版, 第 38 ~ 39 页。

［71］埃里克·弗鲁博顿、鲁道夫·芮切特:《新制度经济学——一个交易费用分析范式》, 格致出版社、上海人民出版社 2006 年版, 第 93 页。

［72］芭芭拉·沃德、勒内·杜博斯：《只有一个地球》，吉林人民出版社1997年版，第17页。

［73］包庆德：《生态哲学的研究对象与性质》，载于《内蒙古大学学报》1997年第2期，第6~9页。

［74］鲍健强、苗阳、陈锋：《低碳经济：人类经济发展方式的新变革》，载于《中国工业经济》2008年第4期，第153~160页。

［75］鲍健强、朱逢佳：《从创建低碳经济到应对能源挑战——解读英国能源政策的变化与特点》，载于《浙江工业大学学报（社会科学版）》2009年第2期，第148~154页。

［76］布莱恩·科普兰（Copeland, B. R.）、斯科特·泰勒尔（Taylor, M. S.）：《贸易与环境——理论与实证》，彭立志译，格致出版社、上海人民出版社2009年版，第1~329页。

［77］蔡惠光、李怀政：《人均收入、产业结构与环境质量》，载于《经济与管理》2009年第1期，第15~17页。

［78］陈家骥、陈小权：《关于未来发展的一些思索》，载于《生态经济学理论与实践山西农经》1997年第6期，第1~6页。

［79］陈雄兵、张宗成：《再议Granger因果检验》，载于《数量经济技术经济研究》2008年第1期，第154~160页。

［80］陈勇兵、陈宇媚：《贸易增长的二元边际：一个文献综述》，载于《国际贸易问题》2011年第9期，第160页。

［81］程序：《生物质能与节能减排及低碳经济》，载于《生态农业学报》2009年第2期，第675~678页。

［82］丹尼斯·米都斯：《增长的极限》，四川人民出版社1984年版，第1页。

［83］党玉婷、万能：《贸易对环境影响的实证分析——以中国制造业为例》，载于《世界经济研究》2007年第4期，第52~57页。

［84］邓梁春：《应对气候变化与发展的低碳经济：企业的挑战与机遇》，载于《世界环境》2008年第6期，第60~62页。

［85］冯东飞、李怀军：《西部大开发所面临的环境代价问题及对策》，载于《榆林学院学报》2004年第1期，第51~54页。

［86］付允、马永欢、刘怡君、牛文元：《低碳经济的发展模式研究》，载于《中国人口资源与环境》2008年第3期，第14~19页。

[87] 傅京燕：《产业特征、环境规制与大气污染排放的实证研究》，载于《中国人口资源与环境》2009 年第 2 期，第 73～77 页。

[88] 傅京燕：《环境规制与产业国际竞争力》，经济科学出版社 2006 年版，第 69～77 页。

[89] 高铁梅：《计量经济分析方法与建模》，清华大学出版社 2006 年版，第 145～156 页。

[90] 高铁梅：《计量经济分析方法与建模——Eviews 应用及实例》，清华大学出版社 2008 年版，第 306～325 页。

[91] 谷祖莎：《贸易、环境与中国的选择》，载于《山东大学学报（哲学社会科学版）》2005 年第 6 期，第 118～123 页。

[92] 韩雪梅、刘欢欢：《我国生态消耗与经济发展的动态比较研究——关于西部地区发展低碳经济的考量》，载于《兰州大学学报（社会科学版）》2009 年第 3 期，第 118～125 页。

[93] 何大安：《产业规制的主体行为及其效应》，格致出版社、上海三联书店、上海人民出版社 2012 年版，第 1 页。

[94] 何大安：《政府产业规制的理性偏好》，载于《中国工业经济》2010 年第 6 期，第 46～53 页。

[95] 何正霞、许士春：《我国经济开放对环境影响的实证研究：1990～2007 年》，载于《国际贸易问题》2009 年第 10 期，第 87～93 页。

[96] 何正霞：《我国经济开放对环境影响的实证研究：1990～2007 年》，载于《国际贸易问题》2009 年第 10 期，第 87～93 页。

[97] 胡鞍钢：《绿猫模式的新内涵——低碳经济》，载于《世界环境》2008 年第 2 期，第 26～28 页。

[98] 黄德春、刘志彪：《环境规制与企业自主创新——基于波特假设的企业竞争优势构建》，载于《中国工业经济》2006 年第 3 期，第 100～106 页。

[99] 黄李焰、陈少平：《发展中国家发展贸易与保护环境的冲突与解决》，载于《世界经济与政治论坛》2005 年第 3 期，第 17～21 页。

[100] 黄平、胡日东：《环境规制与企业技术创新相互促进的机理与实证研究》，载于《财经理论与实践》2010 年第 1 期，第 99～103 页。

[101] 姬振海：《低碳经济与清洁发展机制》，载于《中国环境管理干部学院学报》2008 年第 2 期，第 1～4 页。

[102] 江珂:《我国环境规制的历史、制度演进及改进方向》,载于《改革与战略》2010年第6期,第31~33页。

[103] 姜学民、郭犹焕、李卫武:《生态经济学概论》,湖北人民出版社1985年版,第2~10页。

[104] 金雪军、卢佳、张学勇:《两种典型贸易模式下的环境成本研究——基于浙、粤两省数据的对比分析》,载于《国际贸易问题》2008年第1期,第48~54页。

[105] 金以圣:《生态学基础》,中国人民大学出版社1987年版,第5~15页。

[106] 金涌、王垚、胡山鹰、朱兵:《低碳经济:理念·实践·创新》,载于《中国工程科学》2008年第9期,第4~13页。

[107] [美] 克尔·罗斯柴尔德:《经济生态学》,商业出版社1999年版,第67~70页。

[108] 孔祥利、毛毅:《我国环境规制与经济增长关系的区域差异分析——基于东、中、西部面板数据的实证研究》,载于《南京师范大学学报(社会科学版)》2010年第1期,第56~60页。

[109] 莱斯特·R·布朗:《B模式:拯救地球 延续文明》,林自新等译,东方出版社2006年版,第1~461页。

[110] 莱斯特·R·布朗:《生态经济:有利于地球的经济构想》,林自新等译,东方出版社2002年版,第1~449页。

[111] 兰天:《贸易与跨国界环境污染》,经济管理出版社2004年版,第12~47页。

[112] 李泊溪:《环境与国际贸易的内在冲突与融合》,载于《国际经济评论》2002年第1~2期,第19~23页。

[113] 李海涛、严茂超、沈文清:《可持续发展与生态经济学刍议》,载于《江西农业大学学报》2001年第3期,第410~415页。

[114] 李怀政、蔡惠光:《对外贸易的环境效应问题研究综述》,载于《湖北经济学院学报》2008年第6期,第54~57页。

[115] 李怀政、林杰:《环境规制的出口贸易效应实证研究——一个基于中国14个工业行业的ECM模型》,载于《江苏商论》2011年第4期,第102~105页。

[116] 李怀政、林杰:《碳排放、技术进步与出口贸易结构研究》,

载于《商业研究》2012 年第 1 期，第 202～209 页。

[117] 李怀政、宋文娟：《现代物流的环境效应分析：以浙江为例》，载于《江苏商论》2009 年第 9 期，第 73～75 页。

[118] 李怀政、仲向平、鲍观明：《加入 WTO 以后中国零售业态的合理变迁》，载于《商业经济与管理》2001 年第 10 期，第 18～21 页。

[119] 李怀政：《国际贸易与环境问题溯源及其研究进展》，载于《国际贸易问题》2009 年第 4 期，第 68～73 页。

[120] 李怀政：《"生态经济学"词义原考及其内涵透析》，载于《江苏商论》2006 年第 12 期，第 149～151 页。

[121] 李怀政：《出口贸易的环境效应实证研究——基于中国主要外向型工业行业的证据》，载于《国际贸易问题》2010 年第 3 期，第 80～85 页。

[122] 李怀政：《环境规制、技术进步与出口贸易扩张——基于我国 28 个工业大类 VAR 模型的脉冲响应与方差分解》，载于《国际贸易问题》2011 年第 12 期，第 130～137 页。

[123] 李怀政：《全球生产网络背景下我国制造业产业链提升战略》，载于《管理现代化》2005 年第 1 期，第 4～6 页。

[124] 李怀政：《生态经济学变迁及其理论演进述评》，载于《江汉论坛》2007 年第 2 期，第 32～35 页。

[125] 李怀政：《生态学变迁：从崇拜自然征服自然到协调自然》，载于《商业研究》2007 年第 7 期，第 17～19 页。

[126] 李怀政：《我国大型连锁零售企业困境与精细管理模式探究》，载于《商业经济文荟》2006 年第 4 期，第 1～3 页。

[127] 李怀政：《我国服务贸易国际竞争力现状及国家竞争优势战略》，载于《国际贸易问题》2003 年第 2 期，第 52～57 页。

[128] 李怀政：《我国连锁超市商业生态系统的构建与创新》，载于《商业经济与管理》2000 年第 4 期，第 15～18 页。

[129] 李怀政：《我国三大贸易伙伴对华实施贸易救济的比较与思考》，载于《国际贸易问题》2004 年第 4 期，第 32～35 页。

[130] 李怀政：《我国制造业中小企业在跨国公司全球产业链中的价值定位》，载于《国际贸易问题》2005 年第 6 期，第 120～123 页。

[131] 李怀政：《物流商业价值的发掘与物流理论发展轨迹述评》，载于《商业经济与管理》2004 年第 7 期，第 14～17 页。

[132] 李怀政：《物流与生态环境的相互影响和作用机理》，载于《江苏商论》2008 年第 12 期，第 53～55 页。

[133] 李怀政：《浙江经济增长与物流：基于误差修正模型的分析》，载于《天津商业大学学报》2008 年第 6 期，第 12～15 页。

[134] 李怀政：《浙江省生态物流研究》，中国物资出版社 2008 年版，第 1～151 页。

[135] 李怀政：《中国服务贸易结构与竞争力的国际比较研究》，载于《商业经济与管理》2002 年第 12 期，第 17～20 页。

[136] 李俊峰、马玲娟：《低碳经济是规制世界发展格局的新规则》，载于《世界环境》2008 年第 2 期，第 17～20 页。

[137] 李骏阳等（课题组）：《浙江经济持续发展中的大流通战略研究》，载于《商业经济与管理》1999 年第 6 期，第 12～15 页。

[138] 李小平、卢现祥：《国际贸易、污染产业转移和中国工业 CO_2 排放》，载于《经济研究》2010 年第 1 期，第 15～26 页。

[139] 李秀香、张婷：《出口增长对我国环境影响的实证分析——以 CO_2 排放量为例》，载于《国际贸易问题》2004 年第 7 期，第 9～12 页。

[140] 李昭华、蒋冰冰：《欧盟玩具业环境规制对我国玩具出口的绿色壁垒效应——基于我国四类玩具出口欧盟十国的面板数据分析：1990～2006》，载于《经济学（季刊）》2009 年第 3 期，第 813～828 页。

[141] 李周：《环境与生态经济学研究的进展》，载于《浙江社会科学》2002 年第 1 期，第 28～29 页。

[142] 李子奈：《计量经济学》，高等教育出版社 2000 年版，第 15～50 页。

[143] 厉以宁、章静：《环境经济学》，中国计划出版社 1995 年版，第 11～36 页。

[144] 梁冬寒、袭著燕、李刚：《环境规制与出口绩效相互影响效应分析——基于重污染制造业的考察》，载于《统计观察》2009 年第 7 期，第 80～82 页。

[145] 刘金平：《不完全环境规制、排放漏出及规制绩效研究》，载于《科技进步与对策》2009 年第 14 期，第 111～113 页。

[146] 刘婧：《我国加工贸易与环境污染的因果关系检验》，载于《国际贸易问题》2009 年第 8 期，第 85～91 页。

[147] 刘婧：《一般贸易与加工贸易对我国环境污染影响的比较分析》，载于《世界经济研究》2009 年第 6 期，第 44~48 页。

[148] 刘林奇：《我国对外贸易环境效应理论与实证分析》，载于《国际贸易问题》2009 年第 3 期，第 70~77 页。

[149] 刘强、庄幸、姜克隽、韩文科：《中国出口贸易中的载能量及碳排放量分析》，载于《中国工业经济》2008 年第 8 期，第 46~55 页。

[150] 刘思华：《理论生态经济学若干问题研究》，广西人民出版社 1989 年版，第 1~38 页。

[151] 卢新德、刘小明、刘长美：《我国环境规制对外商直接投资影响的实证分析》，载于《山东经济》2010 年第 1 期，第 86~90 页。

[152] 鲁桐、康荣平：《跨国公司战略趋势及其影响》、《经济全球化与世界经济发展趋势》，社会科学文献出版社 2002 年版。

[153] 陆宏芳、沈善瑞、陈洁、蓝盛芳：《生态经济系统的一种整合评价方法：能值理论与评价方法》，载于《生态环境》2005 年第 1 期，第 121~122 页。

[154] 陆旸：《环境规制影响了污染密集型商品的贸易比较优势吗?》，载于《经济研究》2009 年第 4 期，第 28~40 页。

[155] 罗堃：《我国污染密集型工业品贸易的环境效应研究》，载于《国际贸易问题》2007 年第 10 期，第 96~100 页。

[156] 马传栋：《可持续发展经济学》，山东人民出版社 2002 年版。

[157] 马传栋：《生态经济学》，山东人民出版社 1986 年版，第 2 页。

[158]《马克思恩格斯全集（第 31 卷）》，人民出版社 1972 年版，第 251 页。

[159]《马克思恩格斯全集（第 42 卷）》，人民出版社 1979 年版，第 95~131 页。

[160]《马克思恩格斯选集（第 1 卷）》，人民出版社 1995 年版，第 256 页。

[161]《马克思恩格斯选集（第 2 版·第 3 卷）》，人民出版社 1995 年版，第 225 页。

[162] 马歇尔：《经济学原理》，商务印书馆 1964 年版。

[163] 马友华、王桂苓、石润圭等：《低碳经济与农业可持续发展》，载于《生态经济》2009 年第 6 期，第 116～118 页。

[164] 宁学敏：《我国碳排放与出口贸易的相关关系研究》，载于《生态经济》2009 年第 11 期，第 51～54 页。

[165] 牛海霞、罗希晨：《我国加工贸易污染排放实证分析》，载于《国际贸易问题》2009 年第 2 期，第 94～99 页。

[166] 彭海珍、任荣明：《环境政策工具与企业竞争优势》，载于《中国工业经济》2003 年第 7 期，第 76～79 页。

[167] 祁翔、李怀政：《我国对外贸易商品结构的环境效应实证研究——基于 VAR 模型脉冲响应分析》，载于《江苏商论》2010 年第 11 期，第 71～73 页。

[168] 钱慕梅、李怀政：《中国东中西部出口贸易环境效应比较分析——基于低碳发展的视角》，载于《国际贸易问题》2011 年第 6 期，第 111～120 页。

[169] 任力：《低碳经济与中国经济可持续发展》，载于《社会科学家》2009 年第 2 期，第 47～50 页。

[170] 任力：《国外发展低碳经济的政策及启示》，载于《发展研究》2009 年第 2 期，第 23～27 页。

[171] 任卫峰：《低碳经济与环境金融创新》，载于《上海经济研究》2008 年第 3 期，第 38～42 页。

[172] 沈荣珊、任荣明：《贸易自由化环境效应的实证研究》，载于《国际贸易问题》2006 年第 7 期，第 66～70 页。

[173] 沈亚芳、应瑞瑶：《对外贸易、环境污染与政策调整》，载于《国际贸易问题》2005 年第 1 期，第 59～63 页。

[174] 石田：《评西方生态经济学研究》，载于《生态经济》2002 年第 1 期，第 46～48 页。

[175] 石田：《向着主流科学前进——生态经济学在中国的发展》，载于《中南财经大学学报》1999 年第 6 期，第 38 页。

[176] 世界环境与发展委员会（王之佳、柯金良等译期）：《我们共同的未来》，吉林人民出版社 1997 年版，第 1～25 页。

[177] 世界银行：《变革世界中的可持续发展》，中国财政经济出版社 2003 年版，第 1～200 页。

[178] 世界银行:《全球经济展望与发展中国家》,中国财政经济出版社 2003 年版,第 1～188 页。

[179] 宋德勇、卢忠宝:《我国发展低碳经济的政策工具创新》,载于《华中科技大学学报》2009 年第 3 期,第 85～91 页。

[180] 孙敬水:《中级计量经济学》,上海财经大学出版社 2009 年版,第 401～430 页。

[181] 滕藤:《21 世纪是我国生态经济学更大发展的世纪》,载于《中国生态农业学报》2001 年第 1 期,第 1～2 页。

[182] 佟家栋、曹吉云:《发展中国家的贸易政策选择——经济发展与贸易环境》,载于《南开学报(哲学社会科学版)》2006 年第 3 期,第 38～44 页。

[183] 托马斯·思德纳:《环境与自然资源管理的政策工具》,上海三联书店、上海人民出版社 2005 年版,第 5、102～105、702～708 页。

[184] 万怡挺、马建平:《WTO 多哈回合贸易与环境谈判回顾与展望》,载于《环境与可持续发展》2011 年第 3 期,第 41 页。

[185] 汪丁丁:《"经济"原考》,载于《读书》1997 年第 2 期。

[186] 汪涛、饶海斌、王丽娟:《Panel Data 单位根和协整》,载于《统计研究》2002 年第 2 期,第 53～57 页。

[187] 王传宝、刘林奇:《我国环境管制出口效应的实证研究》,载于《国际贸易问题》2009 年第 6 期,第 83～90 页。

[188] 王东杰、姜学民、杨传林:《论生态经济学与环境经济学的区别与联系》,载于《生态经济》1999 年第 4 期,第 26～28 页。

[189] 王海鹏:《对外贸易与我国碳排放关系的研究》,载于《国际贸易问题》2010 年第 7 期,第 3～8 页。

[190] 王加漩、王清照:《新经典经济学与生态经济学——一条值得探讨的技术与经济结合的新路》,载于《华北电力大学学报》2003 年第 5 期,第 29～33 页。

[191] 王静、韩金华:《我国可持续发展道路的特殊性分析》,载于《中央财经大学学报》2005 年第 3 期,第 48～52 页。

[192] 王军:《贸易和环境研究的现状与进展》,载于《世界经济》2004 年第 7 期,第 67～79 页。

[193] 王克敏、范长江：《生态经济学的形成和发展》，载于《经济学动态》1998 年第 6 期，第 56 ~ 58 页。

[194] 王群伟、周鹏、周德群：《我国二氧化碳排放绩效的动态变化、区域差异及影响因素》，载于《中国工业经济》2010 年第 1 期，第 45 ~ 54 页。

[195] 王晓玲：《国际贸易的环境约束及对策研究》，载于《沈阳农业大学学报（社会科学版）》2002 年第 4 期，第 270 ~ 272 页。

[196] 王忠锋：《关于生态经济学的前提性思考》，载于《汉中师范学院学报（社会科学版）》2004 年第 3 期，第 17 ~ 21 页。

[197] 吴玉鸣：《外商直接投资对环境规制的影响》，载于《国际贸易问题》2006 年第 4 期，第 111 ~ 116 页。

[198] 吴玉萍：《环境经济学与生态经济学学科体系比较》，载于《生态经济通讯》2001 年第 3 期，第 11 页。

[199] 肖红、郭丽娟：《国环境保护对产业国际竞争力的影响分析》，载于《国际贸易问题》2006 年第 12 期，第 92 ~ 96 页。

[200] 谢军安、郝东恒、谢雯：《我国发展低碳经济的思路与对策》，载于《当代经济管理》2008 年第 12 期，第 1 ~ 7 页。

[201] 许涤新：《生态经济学》，浙江人民出版社 1986 年版，第 10 ~ 26 页。

[202] 许广月、宋德勇：《我国出口贸易、经济增长与碳排放关系的实证研究》，载于《国际贸易问题》2010 年第 1 期，第 74 ~ 79 页。

[203] 许士春：《贸易与环境问题的研究现状与启示》，载于《国际贸易问题》2006 年第 7 期，第 60 ~ 65 页。

[204] 严茂超：《生态经济学新论：理论、方法与应用》，中国经济出版社 2001 年版，第 8 ~ 10 页。

[205] 杨涛：《环境规制对中国 FDI 影响的实证分析》，载于《世界经济研究》2003 年第 5 期，第 65 ~ 68 页。

[206] 杨涛：《环境规制对中国对外贸易影响的实证分析》，载于《当代财经》2004 年第 10 期，第 103 ~ 105 页。

[207] 杨文进、柳杨青：《略论经济增长方式转换的条件及社会影响》，载于《经济学家》2007 年第 1 期，第 32 ~ 37 页。

[208] 杨忠直、陈炳富：《商业生态学与商业生态工程探讨》，载于

《自然辩证法通讯》2003 年第 4 期，第 55～61 页。

[209] 姚圣：《政治缓冲与环境规制效应》，载于《财经论丛》2012 年第 4 期，第 84～90 页。

[210] 叶继革、余道先：《我国出口贸易与环境污染的实证分析》，载于《国际贸易问题》2007 年第 5 期，第 72～77 页。

[211] 易丹辉：《数据分析与 Eviews 应用》，中国人民大学出版社 2008 年版，第 207、316 页。

[212] 尹显萍、王梦婷：《环境规制对比较优势的影响》，载于《生态经济（学术版）》2009 年第 2 期，第 189～192 页。

[213] 尹显萍：《环境规制对贸易的影响——以中国与欧盟商品贸易为例》，载于《世界经济研究》2008 年第 7 期，第 42～46 页。

[214] 应瑞瑶、周力：《外商直接投资、工业污染与环境规制——基于中国数据的计量经济学分析》，载于《财贸经济》2006 年第 1 期，第 76～81 页。

[215] 于同申、张成：《环境规制与经济增长的关系——基于中国工业部门面板数据的协整检验》，载于《学习与探索》2010 年第 2 期，第 131～134 页。

[216] 余北迪：《我国国际贸易的环境经济学分析》，载于《国际经贸探》2005 年第 3 期，第 26～30 页。

[217] 余谋昌：《生态哲学》，陕西人民教育出版社 2000 年版，第 1～18 页。

[218] 俞海山：《国际贸易环境影响效应分析》，载于《经济理论与经济管理》2006 年第 8 期，第 70～75 页。

[219] 张二震：《国际贸易学》，南京大学出版社 2009 年版，第 41 页。

[220] 张红凤、杨慧：《规制经济学沿革的内在逻辑及发展方向》，载于《中国社会科学》2011 年第 6 期，第 56～63 页。

[221] 张红凤、张细松：《环境规制理论研究》，北京大学出版社 2012 年版，第 13、78 页。

[222] 张录强：《生态学视野中的若干人文社会科学问题》，载于《生态文明研究》2004 年第 9 期，第 209 页。

[223] 张路：《循环经济的生态学基础》，载于《东岳论丛》2005 年

第 3 期, 第 92 页。

[224] 张平、李怀政:《我国发展生态物流的困境及其制度改进》, 载于《江苏商论》2009 年第 12 期, 第 68 ~ 70 页。

[225] 张晓:《中国环境政策的总体评价》, 载于《中国社会科学》1999 年第 3 期, 第 88 ~ 99 页。

[226] 赵红、扈晓影:《环境规制对企业利润率的影响——基于中国工业行业数据的实证分析》, 载于《山东财政学院学报》2010 年第 2 期, 第 78 ~ 81 页。

[227] 赵敏:《生态学与经济学: 生态经济思想探源》, 载于《长沙大学学报》2001 年第 3 期, 第 1 ~ 6 页。

[228] 赵细康:《环境保护力与产业国际竞争力理论与实证分析》, 中国社会科学出版社 2003 年版, 第 378 ~ 380 页。

[229] 赵玉焕:《环境规制对我国纺织品贸易的影响》, 载于《经济管理》2009 年第 7 期, 第 147 ~ 150 页。

[230] 赵玉民、朱方明、贺立龙:《环境规制的界定、分类与演进研究》, 载于《中国人口资源与环境》2009 年第 6 期, 第 85 ~ 90 页。

[231] 郑聪玲:《现代物流业的发展对浙江经济的影响与对策》, 载于《江苏商论》2004 年第 5 期, 第 33 ~ 34 页。

[232] 郑立平:《低碳经济: 科学发展的必然选择》, 载于《江南论坛》2009 年第 8 期, 第 4 ~ 6 页。

[233] 钟庭军、刘长全:《论规制、经济性规制和社会性规制的逻辑关系与范围》, 载于《经济评论》2006 年第 2 期, 第 147 页。

[234] 周力、朱莉莉、应瑞瑶:《环境规制与贸易竞争优势——基于中国工业行业数据的 SEM 模拟》, 载于《中国科技论坛》2010 年第 3 期, 第 89 ~ 95 页。

[235] 周立华:《生态经济与生态经济学》, 载于《自然杂志》2004 年第 5 期, 第 238 页。

[236] 朱启荣:《我国出口贸易与工业污染、环境规制关系的实证分析》, 载于《世界经济研究》2007 年第 8 期, 第 47 ~ 51 页。

[237] 朱启荣:《中国出口贸易中的 CO_2 排放问题研究》, 载于《中国工业经济》2010 年第 1 期, 第 55 ~ 64 页。

[238] 庄贵阳、储诚山:《低碳经济选择与践行科学发展》, 载于

《中外能源》2009 年第 1 期，第 17~21 页。

[239] 庄贵阳：《节能减排与中国经济的低碳发展》，载于《气候变化研究进展》2008 年第 9 期，第 303~308 页。

[240] 庄贵阳：《中国发展低碳经济的困难与障碍分析》，载于《江西社会科学》2009 年第 7 期，第 20~26 页。

[241] 邹卫中：《欧美生态社会主义的生态价值观及启示》，载于《生态经济》2005 年第 2 期，第 33~35 页。

后　记

从很大程度上说，《贸易扩张中的环境规制》一书源于笔者现实生活中较具矛盾性的心理记忆，这些记忆又伴随学术活动不断转化为一种潜意识的朦胧性写作冲动。本人出生于不堪回首的"十年文革"中期，从小生活在贫困的农村地区，至今心灵深处一直隐匿着食不果腹、箪瓢屡空的痛苦印记，但也常常回忆起"明月别枝惊鹊，清风半夜鸣蝉"的田园佳境。步入青年时期，先后求学于西部地区、东部沿海地区，并在名闻遐迩的西子湖畔工作近20个春秋以至不惑之年。我亲眼目睹了中国改革开放以来社会经济翻天覆地的变化，经济快速增长，对外贸易不断扩张，人民收入水平持续提高，一个积贫积弱的发展中国家逐步发展成世界第二大经济体和第一大货物出口贸易国，但在这一时期，笔者也见证了中国快速成为全球环境污染大国、碳排放大国，环境污染日趋严重，自然生态环境持续恶化，环境危机事件屡见不鲜，资源与环境问题受到全社会的广泛关注。显而易见，"美丽的贫困"一般不会是一个理性人愿意面对的宿命，但从长远来说，"污染的富裕"更不会成为任何一个中国人的理想选择。

客观上，上述写作动机在21世纪初我拜读了格罗斯曼、克鲁格、安特卫勒、科普兰、泰勒、科尔等国际知名学者关于贸易与环境问题研究的相关学术成果之后变得更加强烈，十余年来，我一直热衷于中国对外贸易与环境规制方面的研究。本书正是笔者近期研究工作的结晶，尽管历时良久，但仍显稚嫩。其间既蕴涵着构思的激情、调研取证的艰辛，也充满苦思冥想的困惑与偶然顿悟的惊喜。落笔之时恰逢江南的午夜，心境有些酷似《约客》诗云"有约不来过夜半，闲敲棋子落灯花。"固然，我没有约客，但充满诸多不确定性的现实世界总是留给绚丽多彩又玄奥重重的经济学理论研究以无尽的悬念与遐想，这岂不是学术研究过程中的"约客"吗？

虽然，许多客观因素决定既有研究必须暂时谢幕，但却感觉思绪意犹未尽或意犹难尽，即便笔者的初衷十分期冀自己能够给贸易决策者和环境政策制定者开列些许有效的"药方",但生态演替、技术进步、社会变革以及经济现实的复杂性难免会导致"把脉"的偏差或不足,同时,这也为笔者后续的进一步研究留下了巨大的想象空间。

一本著作即便其未必厚实,但其背后却往往隐含着许多相关者的直接或间接的帮助,此书也不例外。

教育部人文社会科学重点研究基地——现代商贸研究中心资助了本书的出版,该中心各位同仁以及经济科学出版社的编辑为本书付梓倾注了大量心血;同时,许多学界同仁和我的家人给予了默默关爱与支持。

谨此对他们一并表示诚挚的感谢。

另外,尽管环境污染与生态危机的现实十分严酷,贸易发展进程中的环境规制也存在许多变数和未知数,但笔者有理由坚信人类环境治理的前途是光明的,伴随持之以恒的探索,贸易强国与"美丽中国"一定会实现。至于这本小书的命运,我无法预断,抑或像许多并不鲜见的文献湮灭在滚滚的历史洪流中,抑或在特定时空条件下偶尔引起部分学术同仁的关注。如能有后者,笔者已足以慰藉。但无论如何,我将瞻望于未知与未来……

李怀政

2012 年 12 月于杭州